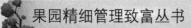
果园精细管理致富丛书

U0256255

草莓生产精细管理十二个月

宗 静 齐长红 主编

中国农业出版社
北 京

图书在版编目（CIP）数据

草莓生产精细管理十二个月 / 宗静，齐长红主编
. —北京：中国农业出版社，2018.10（2023.1 重印）
（果园精细管理致富丛书）
ISBN 978 - 7 - 109 - 24675 - 1

Ⅰ. ①草…　Ⅱ. ①宗… ②齐…　Ⅲ. ①草莓-果树园
艺　Ⅳ. ①S668.4

中国版本图书馆 CIP 数据核字（2018）第 222747 号

中国农业出版社出版
（北京市朝阳区麦子店街 18 号楼）
（邮政编码 100125）
责任编辑　黄　宇　李　蕊　张　利

北京通州皇家印刷厂印刷　新华书店北京发行所发行
2018 年 10 月第 1 版　2023 年 1 月北京第 5 次印刷

开本：880mm×1230mm　1/32　印张：5.25　插页：2
字数：150 千字
定价：25.00 元
（凡本版图书出现印刷、装订错误，请向出版社发行部调换）

主　编　宗　静　齐长红

副主编　祝　宁　王　琼　马　欣　叶彩华

编著者　宗　静　齐长红　祝　宁　王　琼

　　　　马　欣　叶彩华　蔡连卫　陈加和

　　　　陈明远　韩立红　康　勇　李　锐

　　　　刘宝文　刘　民　牟国兴　商　磊

　　　　徐　娜　许永新　于静湜　张宝杰

　　　　周向东　朱　文　王尚君　刘建伟

　　　　张　宁　吴红芝

前言
FOREWORD

　　草莓被称为"水果皇后"，外形美观、营养丰富，深受消费者的喜爱，作为冬春季节休闲采摘的热品，更是为种植者带来较高的收益。在草莓产业发展过程中，种植者不断提出品种更新、技术改进、品质提升等诸多需求，为此，我们组织了多位长期从事草莓技术推广的人员共同编写了本书。

　　本书整体分为两部分，第一章至第四章对草莓的产业布局、品种、生物学特性和栽培技术进行阐述，第五章至第十六章分别介绍了各月份的草莓管理要点，包括温湿度调节、水肥管理、植株整理和病虫害防治等，内容力求全面，管理技术力求详实、具体，不仅融入了编者多年的管理经验，还参考了大量的文献资料，希望能在技术的实施理念和实践操作层面为种植者和管理者提供帮助。

　　本书还得到了北京市气候中心的大力支持，提供了北京市各月的气候介绍，在此表示衷心的感谢。读者可以根据本地气候与北京市气候条件的对比，借鉴本书内容，对本地的草莓管理进行相应的调整。

　　书中如有不妥内容，希望读者朋友给予批评指正。

编著者

目录

CONTENTS

前言

第一章

概　　述

一、自然分布与栽培历史

（一）营养与保健功能

草莓属于蔷薇科草莓属多年生常绿草本植物，花多为白色，花托膨大为肉质多汁的浆果，在园艺学上属于浆果类果树。

1. **草莓的营养价值**　草莓营养价值很高，含有果糖、蔗糖、葡萄糖、柠檬酸、苹果酸、水杨酸、胡萝卜素、氨基酸以及钙、磷、铁、钾、锌、铬等矿物质。此外，它还含有丰富的维生素 B_1、维生素 B_2、维生素 C、维生素 PP，尤其是维生素 C 含量非常丰富，每 100 克草莓中含有维生素 C 30～60 毫克。果肉中含有大量的蛋白质、果胶等营养物质。其中，纤维素、铁、钾、维生素 C 和黄酮类等成分是人体必需的营养成分。

2. **草莓的保健功能**　草莓具有补血益气、润肺生津、提神醒脑、促消化、美容护肤、减脂减肥、明目养肝和清除代谢产物的保健功能。特别是草莓中的维生素 C 可阻断人体内强致癌物质亚硝铵的生成，能破坏癌细胞增生时产生的特异酶活性，使"癌变"的细胞逆转为正常的细胞。草莓所含的鞣酸，能有效地保护人体组织不受致癌物质的侵害，从而在一定程度上减少癌症的发生。草莓所含花青素属黄酮类的一种，让草莓成红色，能防癌抗癌，在放疗和化疗时或之后，可增加口腔润湿而润肺止咳，缓解治疗期症状，同时能抑制癌细胞生长和繁殖。

（二）自然分布

草莓的染色体基数 $x=7$，自然界中草莓属植物倍性丰富，存在 $2x$、$4x$、$5x$、$6x$、$8x$ 等丰富的倍性种类。野生草莓资源广泛分布于欧洲、亚洲和美洲，早在 14 世纪，人们就开始栽培利用野生草莓。现代的栽培种大果凤梨草莓（F. ×ananassa Duch.）是高度杂合的 $8x$，起源于两个同倍性的 $8x$ 美洲种弗州草莓（F. virginiana Duch.）和智利草莓（F. chiloensis Duch.）的偶然的自然杂交后代，于 1750 年诞生于法国。经过育种学家的不断选育，草莓栽培品种已有 2 000 多个，目前几乎世界各国都有草莓栽培。

中国是世界上野生草莓资源最丰富的国家之一，长白山、天山、秦岭、青藏高原和云贵高原都是天然的野生草莓基因库。我国野生草莓主要分布在西北、西南、东北及中部地区，即黑龙江、吉林、内蒙古、甘肃、青海、山西、陕西、新疆、云南、贵州、广州、四川、西藏等省份，而东部和东南部地区如江苏、浙江、福建、上海等无分布或很少分布野生草莓。

（三）栽培历史

14 世纪前，野生草莓在欧洲被人类发现。1368 年，法国国王查尔斯五世命人在巴黎皇家花园栽植了约 1 200 株森林草莓，但主要适用于观赏和药用。1616 年，弗州草莓由英国人 John Tradescant 在欧洲大陆旅行时带回英国，1623 年首次在法国栽种。1714 年，法国人 Amedee Francois Frezier 将智利草莓从南美引种到法国栽培。1750 年，大果凤梨草莓在法国诞生，它是弗吉尼亚草莓和智利草莓自然杂交的品种，遗传了前者的大果性和后者的强抗寒性、香味浓、颜色好的性状，很快传播到世界各地。由大果凤梨草莓开始，草莓的品种越来越丰富，至今已经演变出 2 000 多个品种，如今那些耳熟能详的品种，无论欧洲、亚洲，大多都与大果凤梨草莓有着千丝万缕的联系。

中国有丰富的野生草莓资源，已发现有 11 个种，即 8 个二倍体种和 3 个四倍体种，但在人工栽培草莓传入之前，我国各地只采食野生草莓。大果凤梨草莓在 20 世纪初传入我国，至今不到 100 年的历史。直到 1915 年，人工种植草莓由俄罗斯侨民从莫斯科引入中国，栽种到黑龙江的亮子坡，当时引进的品种叫"维多利亚"，别名"胜利"，这是中国文字记载最早的草莓栽种史。

19 世纪末至 20 世纪初，西方国家的传教士以及旅居山东青岛的日本人带来了一些草莓品种在青岛栽培。后来，全国各地通过教堂、教会学校、大使馆等渠道也有少量引入。新疆由前苏联引进了红草莓，台湾从日本引进了福羽等品种。20 世纪 40 年代前，原南京中央大学和金陵大学农学院试验场均曾从国外引进草莓品种，进行筛选和栽培。

20 世纪 30 年代，草莓引入北京，但都是露地零星粗放栽培，产品只在初夏短期供应市场。其后，在全国出现少数生产者利用风障、阳畦和土温室进行保护地栽培。中华人民共和国成立前我国草莓一直仅在大城市市郊零星栽培，未能得到重视，没有形成商品化栽培。

20 世纪 50 年代，草莓在北京、上海、南京、杭州、保定、沈阳等城市近郊，已经开始作为经济作物进行栽培。1978 年，中国又从保加利亚、比利时、匈牙利、波兰、日本、加拿大、荷兰、美国等国大量引进草莓品种，草莓种植在中国开始全面推广。

20 世纪 80 年代开始至今是我国草莓生产真正规模化快速发展时期。随着草莓多种形式的栽培成功，很快就迅速发展并遍及全国各地，北自黑龙江，南至海南，东自浙江，西至新疆均有草莓的商品化栽培。20 世纪 80 年代全国草莓栽培面积迅速增加，至 2016 年年底，中国草莓种植面积已达约 13 万公顷，稳居世界第一。重点草莓产区有北京昌平，辽宁丹东，河北保定，山东烟台，上海青浦，四川双流，江苏句容、连云港，山东潍坊，浙江建德等。

二、生产现状

（一）世界草莓栽培现状

草莓在世界小浆果生产中居于首位。世界草莓种植面积持续增长，据联合国粮食与农业组织（FAO）统计，2014 年为 37.34 万公顷，比 2000 年增加 12.3 万公顷，增长率 49.1%，平均年增长 0.88 万公顷。伴随种植面积的增加，世界草莓总产量亦一直呈上升趋势，2014 年超过 811.4 万吨，比 2001 年（322.01 万吨）增长 152%。中国草莓生产发展迅速，1999 年产量超过了一直居世界第一的美国，到 2014 年草莓栽培面积超过 11 万公顷，产量超过 310 万吨，产量面积，居世界第一位。

草莓的分布广泛，全球五大洲均有生产。联合国粮食与农业组织（FAO）2014 年统计数据显示，种植面积最大的洲为欧洲（16.50 万公顷），占 44.2%，其次为亚洲（14.70 万公顷）、美洲（4.78 万公顷）、非洲（1.12 万公顷）、大洋洲（0.24 万公顷），分别占 39.4%、12.8%、3.0%、0.6%；总产量最高的洲为亚洲（396.4 万吨），占 48.9%，其次是美洲（206.5 万吨）、欧洲（159.8 万吨）、非洲（44.2 万吨）、大洋洲（4.5 万吨），分别占 25.4%、19.7%、5.4%、0.6%。

根据联合国粮食与农业组织 2014 年统计数据，中国是草莓生产面积最大的国家，达到 11.33 万公顷，其他依次是波兰（5.27 万公顷）、俄罗斯（2.77 万公顷）、美国（2.42 万公顷）、德国（1.54 万公顷）、土耳其（1.34 万公顷）、墨西哥（1.00 万公顷）、白俄罗斯（0.90 万公顷）、乌克兰（0.82 万公顷）、西班牙（0.78 万公顷）。产量最高的国家是中国，为 311.3 万吨，其他依次为美国（137.2 万吨）、墨西哥（45.9 万吨）、土耳其（37.6 万吨）、西班牙（29.2 万吨）、埃及（28.3 万吨）、韩国（21.0 万吨）、波兰（20.3 万吨）、俄罗斯（18.9 万吨）、德国（16.9 万吨）。

美洲的草莓主要集中在美国和墨西哥，其中美国过去一直是世界上草莓产量最多的国家，年产量超过 64 万吨，平均单产为 30 吨/公顷。加利福尼亚州是美国最大的草莓主产区，栽培面积占全国的 38%，年产量占全国的 74%，主要栽培 Douglas、Chandler、Pajaro 等品种。

欧洲曾经是草莓生产最集中的地区，草莓栽培面积在很长的时间内都占全世界的2/3以上，近二三十年来由于受到很多新产区的冲击和劳动力成本提高的影响，草莓栽培规模有一定萎缩，但草莓生产水平一直很高，而且像法国、西班牙、波兰、意大利、德国等一直都把草莓生产当作主导产业之一来抓，国家给予大量的补贴以支持传统产业发展。另外，这些国家也很重视新品种的研发，欧洲的草莓产量过去大致占世界总产量的1/2。在比利时和荷兰等国，设施栽培规模很大，在温室或大棚中采用无土栽培技术，将冷藏苗栽在填充了泥炭的袋或桶中，从3月到翌年1月持续收获。由于每年更换新泥炭，不再需要土壤消毒，也有效防治了依靠土壤传播的线虫及根腐病、黄萎病等病害。

亚洲草莓生产在中国的带领下已经成为了世界草莓生产的重心，除中国外，日本和韩国也是草莓生产大国。日本和韩国以发展温室或塑料大棚栽培为主，生产规模虽小，但果农大多精耕细作。这两个国家70%以上的草莓，都是采用组织培养技术生产的无病毒苗。草莓栽培多集中在气候较温暖的地方。日本和韩国用于加工的冷冻草莓主要来自中国。

世界各国草莓的生产在栽培品种、栽培方式、销售和加工等方面各有特点。

1. **美国** 草莓在美国果品产量中占第六位。由于各地气候的差异，冬季分别从佛罗里达半岛沿大西洋向北和沿密西西比河谷及从加利福尼亚州沿太平洋北上，形成长达5～6个月的收获期。美国草莓多为露地栽培，只有很少部分是保护地栽培。全国有23个州生产草莓，南部各州生产的草莓主要供鲜食，北部各州生产的草莓主要供加工用。栽培面积最大地区是加利福尼亚州，大约为1万公顷，其次是俄勒冈州，大约为0.25万公顷，第三是佛罗里达州，大约0.2万公顷。草莓总产量的80%来自加利福尼亚州，其他依次为佛罗里达州（10%）、俄勒冈州（5%）和华盛顿州（2%），路易斯安那州、阿肯色州、密苏里州、田纳西州，伊利诺依州也有较大面积生产。加利福尼亚州一年中大多数时间均有草莓生产，栽培形式以露地栽培为主，按定植时期可分为冬季种植与夏季种植。冬季种植约占总面积的75%，州中部和南部大多数地区采用此方式，平均产量为62吨/公顷；夏季种植一般在加利福尼亚州北部常见，采收期为第二年的4～9月。

2. **日本** 草莓是日本的主要果树之一，在过去的10年中虽然面积有所下降，但产量仍保持稳定在16万吨左右。草莓产区主要集中在关东、中部和九州地区。在全国草莓主产县中，栃木县的栽培面积和产量居第一位。但最近几年，九州地区已成为日本知名的草莓生产基地，包括福冈、熊本、佐贺、长崎、大分、鹿儿岛、宫崎等地。日本栽植方式主要包括促成栽培、半促成栽培、露地栽培和抑制栽培4种类型，保护地栽培占82.9%，包括玻璃温室、塑料大棚及小拱棚等形式，露地栽培面积很少，只占17.1%。草莓栽培采用不同品种和相应栽培方式，基本上能够实现周年生产。目前生产上的常见的品种有章姬、红颜、栃乙女、幸香、女峰等。日本生产的草莓绝大部分用于鲜食，果汁、果酱等加工用原料主要依赖进口。

3. **西班牙** 西班牙曾经是欧洲最大的草莓生产基地，近二三十年来由于受到很多新产区的冲击和劳动力成本提高的影响，草莓栽培规模有一定萎缩，但草莓生产水平一直很高。西班牙属于大陆性气候，冬季为温和的地中海气候，西南部及地中海沿岸为西班牙草莓主要生产地。西南部的韦尔瓦省草莓产量占全国的90%，主要利用小拱棚和覆盖黑色地膜栽培，保护地草莓发展很快，以鲜食生产为主。引进美国的Douglas、Chandler等品种后，草莓产业得到迅速发展，大量出口到法国、德国、英国等国家。

（二）我国草莓生产现状

1. **栽培设施** 中国地域辽阔、气候条件差异大，加之生产力水平参差不齐，因此栽培形式多种多样。20世纪80年代以前，中国的基本栽培形式为露地，之后，各种保护地栽培迅速兴起，从简单的地膜覆盖、小拱棚、中拱棚、大拱棚到金属材料组装的塑料大棚、竹木或钢筋骨架的日光温室。南方地区以塑料大棚及小、中拱棚为主，北方地区以日光温室及中、大拱棚为主。近年来，随着栽培设施的不断完善，在部分大型生产园区、种植户中出现了无土基质栽培生产模式。许多地方还因地制宜，实行草莓与其他作物轮作、间作、套作栽培，明显增加了农田的收益，如实行草莓与水稻、蔬菜轮作，草莓与玉米间作，草莓与棉花、蔬菜套种等，取得了较好的收益。

2. **栽培品种**　我国草莓栽培品种以引进为主，从 20 世纪 80 年代开始，先后从国外引进了数百个品种。20 世纪 90 年代后，随着草莓的保护地栽培面积扩大，在东北地区弗吉利亚品种应用得到了推广。后又被品种吐德拉和鬼怒甘取代。20 世纪 90 年代以后，华北、华东及西北产区，露地及半促成栽培以全明星、宝交早生为主；而促成栽培则以日本的丰香、静香品种等为主，特别是丰香成为了主栽品种，占生产栽培面积的 2/3 以上。2000 年以后，由于丰香易感白粉病，童子 1 号、甜查理、章姬、红颜、幸香、卡麦若莎、枥乙女等品种的生产面积正在不断扩大，其中红颜成为了很多地区尤其是保护地栽培的当家品种。草莓的加工品种则多以哈尼、森加森加拉、达赛莱克特、达善卡为主。我国相关的大学、科研机构也开展了草莓的育种工作，育成了不少有特色的品种，比如，北京市农林科学院林果所的京藏香、京桃香、红袖添香、白雪公主、粉红公主等品种，浙江省农业科学院园艺研究所的越心、越丽、越丰等品种，江苏省农业科学院园艺研究所的宁玉、宁丰、宁露、紫金四季、紫金香玉等品种，沈阳农业大学园艺学院的艳丽、粉佳人、俏佳人等品种正逐步推广应用。

3. **栽培技术**　目前，我国草莓栽培主要有三种模式，露地栽培、塑料大棚栽培以及温室栽培。露地栽培和塑料大棚栽培模式在长江流域及长江以南温暖地区较为常见；在北方，冬季气温低、霜期长，主要利用温室进行栽培。北京地区普遍使用日光温室进行草莓生产。

不同的栽培模式下应用的栽培管理技术也不尽相同。为了取得更高的经济效益，一些优质、高产、省力的栽培技术措施在保护地栽培中得到了推广应用。目前我国在日光温室和塑料大棚中应用的技术措施包括避雨基质育苗、土壤消毒技术、病虫害绿色防控技术、放养蜜蜂授粉、棚室加温、电照补光、安装滴灌水肥一体化设备、疏花疏果、适时采摘等。此外，二氧化碳气肥装置、卷帘机设备、机械破垄起垄技术在全国部分地区日光温室栽培中也得到了一定的应用。

避雨基质育苗技术：利用塑料大棚、温室等避雨设施，使用专用育苗槽、穴盘、基质等进行育苗，可有效减少种苗病虫害，提高单株繁育系数及定植成活率。

土壤消毒技术：草莓拉秧后，使用秸秆配合太阳能高温闷棚或者使用氯化苦、棉隆、石灰氮等化学药剂对土壤进行消毒处理，清除致病杂菌，减轻连坐障碍。

病虫害绿色防控技术：针对草莓多发病虫害，采取生态控制、天敌生物防治、物理防治、科学用药等环境友好型措施进行防控，保障果品安全。

适时采摘技术：根据草莓品种特性以及消费者喜好、贮运等要求，制定采收标准，及时进行采收。

机械破垄起垄技术：应用温室专用小型起垄破垄机械，进行种植前起垄和种植后破垄操作，大幅度提高劳动效率，降低人工作业成本。

（三）我国草莓产业的区域布局

草莓品种多、周期短、见效快，生产技术容易掌握，再加上政府和科研部门的重视，目前我国草莓从黑龙江到海南，从江苏、浙江沿海到新疆都能栽培。栽培草莓已经成为我国果树生产的一大亮点和很多地区农民增收致富的主要途径。虽然我国各地均有草莓栽培，主要集中在辽宁、山东、江苏、河北、安徽等省份，四川、云南、上海、浙江、新疆等地的草莓种植也有较快发展。据不完全统计，江苏省、河北省、山东临沂、辽宁东港、安徽长丰、浙江省草莓种植面积分别达到 1.827 万公顷、1.23 万公顷、1.33 万公顷、

1.27 万公顷、1.4 万公顷、0.53 万公顷，总产量达到 217.5 万吨，占全国草莓生产总面积和总产量的 50% 以上。目前我国的草莓生产也形成了一些聚集度明显的主产区，如辽宁丹东，河北满城，山东烟台，四川双流，江苏句容，浙江建德、诸暨等，它们已成为北京、上海、天津等大都市的草莓鲜果供应主要来源。在大城市的郊区也形成了很多观光采摘的示范园区，如北京昌平，上海青浦和奉贤等地。

　　2017 年北京市草莓的种植面积为 701.0 公顷，以昌平区种植面积最大为 191.4 公顷，占 27.3%，其他依次为通州区、顺义区，分别为 168.2 公顷和 120.3 公顷，占全市生产总面积的 24.0%、17.2%，之后为平谷区、大兴区、房山区、密云区和延庆区，为 58.7 公顷、47.5 公顷、33.5 公顷、30.6 公顷、23.1 公顷，分别占全市生产总面积的 8.4%、6.8%、4.8%、4.4%、3.3%。海淀区、怀柔区、丰台区、朝阳区和门头沟区等地面积均不足 10 公顷，总占比不足 4%。各区平均单产不同，且差异较大，顺义、昌平等区种植水平相对较高，平均亩*产达 2 000 千克以上，丰台、平谷、房山等区平均亩产为 1 700 千克至 1 850 千克，延庆、密云、通州平均亩产量为 1 500 千克左右，大兴区平均亩产在 1 500 千克以下。北京市草莓品种主要以红颜为主，占 90% 以上，此外还有部分国有自育品种。种植模式以日光温室土壤栽培为主，占 92.9%，基质栽培占 7.1%。

---

　　* 亩为非法定计量单位，1 亩约为 667 米^2。——编者注

第二章

主要生物学特性

　　草莓是蔷薇科草莓属多年生草本植物，植株矮小，呈半平卧丛状生长，一般植株高度为20～30厘米。一个完整的草莓植株由根、茎（短缩根状茎、新茎和匍匐茎）、叶、花、果实等器官组成。

一、草莓的形态特征

(一) 根

　　1. 根系的组成　草莓根系由着生在新茎和根状茎上的不定根组成，属于须根系。分布在土壤表层。

　　新根为白色，寿命通常1年。老根为褐色，逐渐变成暗褐色至黑色而死亡，一般老根多在结果期陆续死亡。草莓根系为浅根性，在土壤中分布比较浅，绝大部分分布在20厘米以上的地表层，而以10厘米左右的土层中分布最多，因此草莓根系易受干燥、寒冷、炎热的危害。

　　2. 根系的生长发育　草莓新萌发的不定根，肥嫩粗大，呈乳白色至浅黄色，不断生长后，变为暗褐色，老根呈黑褐色。新根形成后，不断进行加长生长和加粗生长，但加粗生长较少，当生长到一定粗度后即停止加粗生长，加长生长也逐渐停止，不定根寿命2～3年。

　　受环境条件（主要是土壤温度）、植株营养等条件的影响，草莓植株根系一年内有二次或三次生长高峰。早春，当10厘米深土层温度稳定在 1～2℃时，根系开始活动，比地上部开始生长早 10 天左右。根系开始生长以上年秋季发生的白色未老化根的继续延长为主，新根发生较少。以后随着地温上升，植株生长加强进入开花结果阶段，地下部由短缩茎及初生根逐渐发生新根，根系生长出现第一次高峰。随着植株开花和幼果膨大，需要大量营养，根系生长逐渐缓慢。果实采收后，根系生长进入第二次高峰，此时以发生新根为主。秋季至越冬前，由于叶片制造的养分大量回流运转到根系，根系生长出现第三次高峰。有的地区，年周期中，根系只有二次生长高峰，分别在 4～6 月和 9～10 月。7～8 月间，由于地温高，根系生长缓慢。到深秋气温下降，生长逐渐减弱，根系结束生长时间比地上部晚。

3. 根系生长对环境条件的要求　由于草莓是浅根性植物，因此对环境条件的要求比较严格。特别是对温度和水分的要求，表现为既不抗高温也不耐低温。草莓根系生长的临界温度是 2～5℃，在 -8℃时会受冻害，-12℃时会冻死。草莓根系在 2℃时开始活动，生长最适温度为 17～18℃，30℃以上根系加速老化。草莓的根系入土浅，不耐旱，为了解决需水量大、根系浅而少的矛盾，必须多浇水，始终保持土壤湿润。

草莓是须根系作物，大部分根系分布在 20 厘米浅层土壤中，因此土壤表层结构和质地好坏，对草莓生长有直接的影响，一般以保水、排水、通气性良好、富含有机质的肥沃土壤为宜。沙性壤土能促进草莓早发育，前期产量较高，但土壤易干旱，结果期较短，产量低。黏性土壤影响植株生长，易推迟结果期，一般定植后二、三年植株发育趋于良好。草莓喜微酸性土壤，以 pH5.5～6.5 为宜。

（二）茎

草莓的茎分为新茎、根状茎和匍匐茎 3 种类型。新茎和根状茎为短缩茎。

1. 新茎　当年萌发长有叶片的茎称新茎。是由幼苗生长点在不断分化叶片的同时，进行营养生长形成的。一年生草莓当年可产生 1～3 个新茎，二年生可产生 2～5 个，三年生可产生 5～7 个。新茎上密生叶片，着生叶片的地方为节，节间极短。新茎加长生长极缓慢，一年仅能生长 0.5～2 厘米，加粗生长很快，呈短缩状态。新茎基部周围紧密轮生不定根。

新茎每个叶腋处都有腋芽。有的腋芽抽生匍匐茎；有的腋芽不萌发，呈潜伏状态；有的腋芽分生新茎。新茎的多少与品种特性有关，少者几个，多者几十个，随株龄增加新茎数量也相应增加。同一品种随年龄的增长新茎数逐渐增多。分生的新茎基部发生不定根，把这样的新茎切离母体可繁殖成新植株。

2. **根状茎** 根状茎为草莓多年（2 年以上）生短缩茎。新茎生长进入第二年以后，由白色变为黄褐色。其上叶片全部枯死脱落，茎木质化，外形很像树根。根状茎是一种具有节和年轮的地下茎，具有贮藏营养的功能。根状茎的腋芽分生新茎。根状茎越粗产量越高。根状茎在生长的第三年逐渐老化死亡，从下部逐渐向上枯死，其上的根系也逐渐死亡。根状茎越老，地上部的生长也越衰退。因此，最多结果 3 年就必须更换种苗。

3. **匍匐茎** 由短缩茎的腋芽萌发而形成的沿地面匍匐生长的地上茎为匍匐茎，又叫走茎或蔓，是草莓的营养繁殖器官。草莓匍匐茎刚发出时，先向上生长，当长到超过叶面高度时，垂向地面空间充足的地方匍匐生长。

草莓匍匐茎很细，并具有很长的节间，第一节腋芽保持休眠状态，第二节生长点分化出叶原基并能萌发，在第三片叶显露之前，开始形成不定根，扎入土中形成匍匐茎苗。匍匐茎苗的形成是在匍匐茎上的 2、4、6、8 偶数节上形成。每条匍匐茎可长出匍匐茎苗3～5 个。

草莓匍匐茎的发生始于坐果期，结果后期大量发生。早熟品种发生早，晚熟品种发生晚。发生时期的早晚还与日照条件、每株经过低温时间的长短及栽培形式有关。促成栽培时，匍匐茎一般在果实采收后开始发生；露地栽培时，一般在果实开始成熟时发生。

草莓匍匐茎抽生能力、发生多少与品种、昼长、温度、低温时数、肥水条件、栽培形式等有关，休眠期短的品种、植株健壮、营养条件好的植株发生较多。一般1株草莓能繁30～50株匍匐茎苗，肥水条件好空间大时能繁出几百株。

（三）叶

草莓叶片为三出复叶，由一个细长叶柄和3片小叶构成。两边小叶呈对称排列，中间叶形状规则，呈圆形至长椭圆形，或菱形。颜色由黄绿至蓝绿色。叶缘有锯齿，叶片背面密被茸毛，上表面也有少量茸毛，质地平滑或粗糙。

草莓叶自短缩茎上发出，叶序为2/5，第一片叶与第六片叶重叠。发出后随着叶柄伸长而迅速展开，并逐渐增大。气温20℃时，两个连续叶片发生的间隔时间为8～10天或10～12天，叶片的寿命80～130天，一株草莓一年发生20～30片叶。新叶展开后的第30天后面积最大、叶片最厚、叶绿素含量最高，此后呈下降趋势。草莓早春发生的叶来自上一年秋冬季节形成的叶原基。一般成熟的植株每株可在秋冬季形成7～8个叶原基，至春季展开。一般生长期的叶片叶身长为7～8厘米，叶柄长10～20厘米。春季发出的新叶较小；夏初发出的叶较大，为标准叶；采收后旺盛生长时发出的叶较夏初发出的叶稍小；秋季发出的叶较小，但可越冬，如果在草莓越冬时采取有效的防寒措施保护好越冬叶片，对草莓的开花结果有较好的促进作用。

叶片通过光合作用制造养分，是草莓最主要的营养器官。新叶形成后的第30～50天，同一植株上的第4～6片叶同化能力最强，制造的养分最多。制造有机物质供植株生长发育，提高产量。叶片不断生出，同时也相继死亡，生产过程中，要定期摘去老叶、病叶、黄化叶。

（四）花

草莓栽培品种绝大部分为完全花。一朵花通常具有5片萼片、5片副萼和5个花瓣。雄蕊数是5的倍数，一般为20～35个。雌蕊呈规则的螺旋状生长在花托上，数量与花的大小有关，通常为200~400个。

花序为聚伞花序，每个花序上可着生7~15朵花，多者可达30余朵。各个小花在花序上着生的级次不同，开花有早有晚。在花序的主花柄上着生1朵一级花，一级花下面2个苞片处生出2朵二级花，在2朵二级花2个苞片处各自生出2朵，共4朵三级花，如此连续分生下去。一级花最大，开花结果也最早、最大。最小的高级次花不断开放，称为无效花，由于开花结果过小，无采收价值，所结果也叫无效果。因此，在草莓现蕾以后，各小花分离时，及早疏去晚开的高级次花蕾，可节约养分，促进大果均匀生长，还可防止植株早衰。

（五）果实

草莓果实为肥大的花托形成的肉质浆果，植物学上称为假果，种子长在果面上。果实颜色为白色、橙红色、红色、深红色和紫红色；果肉颜色为白色、橙黄色、红色和深红色。果实形状有扁圆球形、圆球形、圆锥形、短圆锥形、长圆锥形、圆柱形、卵形、纺锤形和楔形等。在一个花序上，一级果最大，二、三级果逐渐减小。以一级果为100的话，二级果为80，三级果为47。果实大小与品种有关，以一级序果为准，从3~60克不等，一般为10~25克。

草莓浆果鲜红艳丽，芳香多汁，甜酸可口，鲜食部分达98%，含有丰富养分及人体必需的矿物质、维生素、多种氨基酸，特别是维生素C含量高，每100克果实含维生素C 30~80毫克。

二、草莓的生长发育特性

（一）匍匐茎发生时期和条件

当草莓母株开花结果时就开始少量发生，一般在果实采收后的7~8月大量发生。通常有早熟品种发生早，晚熟品种发生晚的倾向。发生时期的早晚受日长条件和母株经受低温时间的长短影响。

匍匐茎是在大于 12 小时的长日照条件下发生的，一般日照长度越长匍匐茎发生的数量越多，但也与温度条件有关。试验证明，长日照和高温是草莓匍匐茎发生的必要条件。此外，匍匐茎的发生与母株经受低温时间的长短也有密切关系。如果充分满足品种 5 ℃以下的低温积累量要求，匍匐茎就会旺盛发生，否则就不发生或只少量发生。如促成栽培时，不等植株经受低温就盖膜保温，发生的匍匐茎少。

（二）花芽分化与发育

草莓花芽分化时期，依品种特性、栽培方式、环境条件等不同存在一定差异。在自然条件下，一季型草莓品种的花芽分化在秋季 9～10 月进行。

草莓花芽分化受日照长短与温度的影响。许多试验证明，花芽分化是在低温短日照条件下开始的。

花芽分化后，进一步发育成花蕾以至开花，这一花芽发育过程却与花芽开始分化的条件相反，是在高温、长日照下进行的。草莓植株越冬休眠后，第二年春天日长增长，温度上升，促进花芽发育，日照越长，温度越高（在适宜温度上限以下），花芽发育越好，产量越高。

（三）休眠

随着晚秋气温的降低和日长的缩短，草莓植株进入休眠状态。新展开的叶片在休眠时表现为：叶柄短，叶面积小，发生角度大，几乎与地面平行，整个植株呈矮小的莲座状，这便是休眠状态。

草莓休眠是在花芽分化后开始的，是由更短的日长和更低的温度诱导的。与温度相比日长对休眠的影响更大。

草莓休眠分为自然休眠和被迫休眠。在自然条件下，促使草莓进入休眠的条件是低温和短日照；而打破休眠的条件是一定的低温经受量和长日照。生产中常常要对休眠加以控制来满足人们的需要。

(四) 结果习性

草莓单株上的花序数、每花序的花数、坐果率和果实大小等是影响产量的直接构成因素。开花坐果的好坏直接与产量相关。

花蕾发育成熟后,在平均温度10℃以上时便开始开花。一个花序上的花朵级次不同,开花顺序也有差异。一级花先开放,然后是二级开放,再次是三级开放,级次越高,开花越晚。后期开放的高级次花有开花不结实现象,即使结实也由于果实过小而失去商品性。在生产实践中,往往根据实际情况进行花序掐尖,使留下的花朵坐果好,果实大。

一般开放的草莓单花可持续3~4天,此时期授粉受精。当花药中花粉散光后花瓣开始脱落。

授粉受精与坐果关系密切。一朵花的花粉量大约为1.2毫克。开药散粉时间一般为上午9时至下午5时。受精时间主要是在开花后2~3天,环境条件对授粉受精影响很大。

受精后子房迅速发育,以后形成"种子"。子房全部受精后整个花托肥大形成肉质多液的果实,园艺学上称作浆果。开花到其后15天,果实增大比较缓慢,此后10天果实急速增大,每天大约可增加2克,其后果实增大缓慢,直至停止。

三、草莓对环境条件的要求

(一) 温度

草莓对温度适应性强,喜欢温暖的气候,不抗高温,有一定的耐寒性。草莓植株的不同器官、不同的生长发育时期对温度的要求不同。温度达到5℃以上时地上部开始萌动,植株最适宜的生长温度20~26℃;开花和结果期的最低温度界限是5℃,花芽分化必须在17℃以下的温度,同时配合短日照(12小时以下),但当温度降到5℃以下时花芽分化停止;花期温度20~25℃,有利于花粉发芽;草莓花药开裂所需最低温度11.7℃,适宜温度为13.8~

20.6℃，温度过低花药不能开裂，影响授粉受精。开花期高温
（38℃）和低温（0℃）都会影响授粉受精过程，形成畸形果。在
17～30℃的范围内积温达600℃左右时草莓可以着色成熟。温度
高，果实发育快，发育期短，成熟早，但果个小，商品价值降低。
温度低，果实发育慢，发育期长，成熟较晚，但果个大。果实膨大
前期白天25～28℃，夜间8～10℃，后期白天22～25℃，夜间
5～8℃。草莓的根系在10℃时开始形成新根，15～20℃时进入发
根高峰。7～8℃时根系生长减弱。秋季经过多次轻霜和低温（0～
5℃）锻炼的植株（叶色变紫），其抗寒力增强，可抗－8℃的
低温。

（二）光照

草莓是喜光植物，但也能耐轻微的遮阴。草莓的光照饱和点
低，2万～3万勒克斯，光补偿点是0.5万～1.0万勒克斯。在生
长发育的不同阶段对光照要求不同，花芽分化期要求10～12小时
短光照和较低温度，诱导花芽转化；开花期和旺盛生长期，需要每
天12～15小时较长光照时间，制造光合产物，利于生长结果。

种植过密或园地附近有大树遮阴时，由于光照不充足，叶片易
呈淡绿色或变成黄色，花朵小或不能开放，造成果实小，味道偏
酸，着色和成熟慢，果表淡红色或白色，品质变差，成熟期延迟。
因此，在生产实践中应选择光照条件好的地方，最好隔一定距离设
防风帐，减轻强烈阳光照射，同时又有防风、保水的作用。

（三）水分

草莓根系分布浅，株丛中叶片多而大、匍匐茎多，蒸发面大，
因此在整个生长期间都要求有比较充足的水分供应。苗期缺水影响
茎、叶、根的正常生长；开花期缺水，影响开花和坐果，产量降
低；越冬期缺水则降低抗寒力；在果实大量成熟期间，适度灌水是
保证草莓丰产的关键措施之一。如果此时水分不足，果实就不能充
分膨大，果实小，产量也就显著减少。但是，草莓对水分的要求也

是有限度的，土壤水分过多，不仅耕作、管理困难，而且还会影响草莓的正常生长发育，有时会引起叶片变黄、萎蔫、脱落，死苗或果实腐烂，引起植株发病，降低草莓越冬时的抗寒力，甚至死亡。水涝地土壤通气不良、土温低，不利根系生长，因此不可灌水过多。并且，草莓不耐涝，在雨季或地势低洼地种植时要有排水设备，注意排水防涝。

（四）土壤

草莓喜疏松、肥沃、透水通气良好的土壤，酸碱度以 5.5～6.5 左右为宜。表层（30 厘米深）土壤肥沃的地方都可以种草莓。草莓适应性强，可在各种土壤上生长，但高产栽培以肥沃、疏松、通气良好的沙壤土为好。草莓根系浅，表层土壤对草莓的生长影响极大。沙壤土保肥保水能力较强，通气状况良好，温度变化小。黏土地、沼泽地、盐碱地不适合栽植草莓。草莓适宜在中性或微酸性的土壤中生长，地下水位要求在 1 米以下。

第三章

优 良 品 种

一、促成栽培适用品种

（一）红颜

日本静冈县农业试验场以章姬为母本、幸香为父本杂交育成，后引入我国。

植株高大清秀，生长势强，叶柄粗长，叶片大而厚，叶色淡绿；匍匐茎抽生能力较弱；花穗大，花茎粗壮直立，花茎数量和花量较少。果实呈圆锥形，具有光泽，外形美观；果面和内部均呈鲜红色，着色一致，果实内部基本无空洞，肉质细腻，味香浓，甜度大，口感好。大果型，最大单果重 100 克左右，一级序果平均单果重 35 克左右，平均可溶性固形物含量达 14%。果实硬度适中，耐贮运。在冬季低温条件下连续结果性好，适合日光温室促成栽培。但耐热、耐湿能力弱，对炭疽病、白粉病抵抗能力弱，栽培中需要格外注意对这两种病害的防治。

（二）章姬

日本静冈县民间育种家获原章弘用久能早生为母本、女峰为父本杂交育成，后引入我国，主要用于日光温室与塑料大棚的促成栽培。

植株高大、株型直立，平均株高 25 厘米左右；叶片呈长圆形，叶片较大、但数量较少，叶色浓绿有光泽；匍匐茎抽生能力较强；

花序长、成花多，连续结果能力强。果实呈长圆锥形或长纺锤形，鲜红色，端正美观；果实柔软多汁，味道浓甜，香气浓郁，口感极佳；大果型，最大单果重 130 克，一级序果平均单果重 40 克左右，可溶性固形物含量为 11%～14%，是一个极其适合都市农业生产的优良品种。该品种较耐白粉病与灰霉病，但是果实偏软，货架期短，不耐贮运。

（三）佐贺清香

日本佐贺县农业综合试验场以丰香为母本、大锦为父本杂交育成。

该品种植株较为开张，长势强，叶片大，叶色浓绿。匍匐茎抽生能力强。花序长、花数多，连续结果能力强。果实呈圆锥形，畸形果少，果个均匀整齐；果面鲜红色，较丰香色浓，有光泽，果肉白色，果味甜度大，酸味低于丰香，香味浓郁，可溶性固形物含量为 11% 左右，口感好。一级序果平均单果重 35 克左右，最大单果重 52.5 克。植株抗白粉病能力较强，抗炭疽病能力中等，果实硬度好、耐贮运，是一个很适合都市农业生产的优良品种。

（四）幸香

日本蔬菜茶叶试验场以丰香为母本、爱莓为父本杂交育成。

植株长势中等，半直立；叶片小，呈长圆形，叶片较丰香厚，叶色浓绿。果实呈圆锥形，颜色深红，具有光泽，外形美观；果肉细腻，味道香浓，含糖量高，可溶性固形物含量 10%～15%。果个较大，均匀，一级序果平均单果重 20 克左右，最大单果重 42 克。果实硬度好，耐贮运，但易感白粉病与炭疽病，种植时需要对这两种病加强防治。

（五）圣诞红

由韩国庆尚北道农业技术院以莓香和雪香杂交育成的短日照早熟品种，获得中国植物新品种保护。

该品种株型直立，株高 19.0 厘米。叶面平展而尖向下，叶厚中等；横径 8.6 厘米，纵径 7.3 厘米，黄绿色有光泽；叶片形状椭圆形，边缘锯齿钝，质地革质、平滑；无叶耳。叶柄紫红色。花序平或高于叶面，直生。两性花，白色花瓣 5～8 枚，花瓣圆形且相接。果实表面平整，光泽强，果面颜色红色。80％果实为圆锥形，10％果实为楔形，10％果实为卵圆形。一、二级序果平均单果重35.8 克，最大果重 64.5 克。畸形果少，商品果比例大。萼下着色中等，宿萼反卷，绿色，萼心凹，除萼易，种子微凸出果面，颜色黄绿兼有，密度中等。果肉橙红，髓心白色，无空洞。果肉细，质地绵，风味甜，可溶性固形物含量 13.1％。果实硬度强于红颜，耐贮性中等。耐寒性强，耐旱性较强，对白粉病和灰霉病的抗性均较强，对炭疽病中抗。适合日光温室促成栽培。

（六）甜查理

欧美品种，美国佛罗里达大学以 FL80－456 为母本、派扎罗为父本杂交育成，是北京地区最早种植的草莓品种之一。

该品种植株生长势强，株态直立。叶片近圆形，较厚，色绿。果实圆锥形，果个大，果皮色泽鲜红，光泽好；果肉橙色，髓心较小而稍空，口感酸甜脆爽，香气浓郁。一级序果平均单果重 50 克，最大单果重 83 克。植株抗病性强、管理容易，果实硬度高，耐贮运，产量高。

（七）小白草莓

小白草莓是我国自主培育的白草莓品种，2014 年通过北京市种子管理站鉴定。

叶片直立，植株高大，生长旺期株高 30 厘米，开展度 27 厘米左右。植株分茎数较少，单株花序 3～5 个，花茎粗壮、坚硬直立，花量较少，顶花序 8～10 朵，侧花序 5～7 朵，花朵发育健全，授粉和结果性好。果实圆锥形，平均果重 28～30 克。12 月至翌年3 月果面为白色或淡粉色，4 月以后随着温度升高和光线增强会转为粉色。该品种口感香甜,入口即化,果皮较薄,充分成熟果肉为淡黄色,吃起来有黄桃的味道,可溶性固形物含量13%以上。小白草莓亩产可达2500千克以上,抗白粉病能力较强,耐低温弱光能强,是一个理想的鲜食型品种。

(八) 白雪公主

白雪公主(暂定名)是北京市农林科学院实生选种选育出的优系。

白雪公主株型小,生长势中等偏弱,果实较大,最大单果重48克。果实圆锥形或楔形,果面纯白,但温度高时会着粉色,果肉全白,肉质细腻,可溶性固形物含量9%,风味独特,抗白粉病能力强。

这一品种现已在北京、河北等地试栽,适合促成栽培。

(九) 京藏香

由北京市农林科学院以美国品种早明亮为母本、日本品种红颜为父本杂交育成。2013年京藏香通过北京市林木品种审定委员会审定。

植株生长势较强,株态半开张;叶椭圆形,叶缘锯齿钝,叶面质地革质粗糙,有光泽,单株着生叶片9.4片;花序分歧,平于或低于叶面,两性花。果实圆锥形或楔形,红色,有光泽,种子黄绿红色兼有,平于或凹于果面,种子分布中等;果肉橙红;花萼单层双层兼有,主贴副离。平均单果重31.9克,最大果重55克,有香味,耐贮运,可溶性固形物含量9.4%,维生素C含量为627毫克/千克,还原糖为4.7%,可滴定酸为0.53%。北京地区日光温室条件下1月上旬成熟,较丰产。

(十) 京桃香

京桃香是北京市农林科学院培育品种,2014年审定。母本为达塞莱克特,父本为章姬。

果个中等，圆锥形，果面亮红色；一、二级序果平均单果重31克，最大果重49克，可溶性固形物含量为9.5%。京桃香抗病性强，有浓郁的黄桃香味，种子着生于果实表面。已在北京、河北等地试栽，适合促成栽培。

（十一）黔莓2号

由贵州省农业科学院以章姬为母本、法兰帝为父本杂交育成。

植株高大健壮，生长势强；叶大近圆形，黄绿色；果实短圆锥形，鲜红色，果肉橙红色，果肉口感佳，香味浓郁，风味酸甜适口；平均单果重25.2克，单株平均产量268.8克。果实硬度较大，贮运性较好；耐寒性、耐热性及耐旱性较强。抗白粉病、炭疽病，抗灰霉病能力中等。

（十二）越心

由浙江省农业科学院园艺研究所以优系03-6-2（卡麦罗莎×章姬）为母本，与父本幸香进行杂交育成。

植株长势中等，叶片小，连续开花结果能力强，丰产性好。苗期对炭疽病抗性明显，对灰霉病抗性较强，育苗容易，繁殖系数高。果实短圆锥形或球形，平均单果重14.7克，果实平均硬度0.29千克/厘米^2。果面平整、浅红色、光泽好，髓心淡红色、无空洞；果实甜酸适口，风味香甜，可溶性固形物含量达12.2%，总酸含量5.81克/千克，维生素C含量764毫克/千克。早熟性好，较耐低温弱光。在浙江北部大棚促成栽培，11月中下旬可采收。

（十三）艳丽

由沈阳农业大学园艺学院以从美国引进的草莓资源08-A-01为母本、枥乙女为父本杂交育成。

艳丽植株生长势强。叶片较大，革质平滑，叶近圆形，深绿色，叶片厚，叶缘钝锯齿状，单株着生9～10片叶。二歧聚伞花序，平于或高于叶面，花序梗长约29厘米，花梗长约13厘米。单株花数10朵以上，两性花。果实圆锥形，果形端正，果面平整，鲜红色，光泽度强。种子黄绿色，平或微凹于果面。果肉橙红色，髓心中等大小，橙红色，有空洞。果实萼片单层，反卷。一级序果平均单果重43克，最大果重66克，风味酸甜适口，香味浓，可溶性固形物含量9.5%，总糖7.9%，可滴定酸0.4%，维生素C含量630毫克/千克，果实硬度2.73千克/厘米²，耐贮运。植株抗灰霉病和叶部病害，对白粉病具有中等抗性。适合日光温室促成栽培和半促成栽培。在沈阳地区采用日光温室促成栽培，11月上旬始花，12月下旬果实开始成熟。

（十四）宁玉

由江苏省农业科学院以幸香为母本、章姬为父本杂交育成。

株态半直立，长势强，匍匐茎抽生能力强。果实圆锥形，红色，光泽强；果实外观整齐、漂亮，果面平整，坐果率高，畸形果少，平均单果重15.5克；风味佳，甜香浓，酸味很淡。果个整齐，连续开花，坐果性强，早熟、丰产，单株年产量318克。耐热、耐寒性强，抗炭疽病，中抗白粉病。

二、半促成栽培适用品种

（一）蒙特瑞

日中性品种，可周年结果，成花能力强，高产。果实上市早；植株生长旺盛。果实长圆锥形，颜色深红有光泽，髓心空，质地细腻，果实酸甜适度。果个大，平均单果重33克，最大果重60克。果实品质极佳，回味甜。果实硬度高，耐贮运，货架期长。抗病性强。非常适合于促成栽培条件，以及夏（春）季栽培。

（二）阿尔比

美国加利福尼亚大学1998年育成日中性品种。

植株长势较强，叶片椭圆形。果实长圆锥形，颜色深红有光泽，髓心空，质地细腻，果实甜酸适度；果个大，一级序果平均单果重31～35克，最大单果重110克，亩产量4 000千克以上。该品种为四季果习性，适宜生长条件下可全年产果。果实硬度高，耐贮运，货架期长。综合抗性强，抗白粉病、灰霉病和红蜘蛛，对炭疽病、疫霉果腐病和黄萎病有较强的抵抗力。适合于秋季促成栽培及夏（春）季露地栽培，可用作鲜食和加工。

（三）圣安德瑞斯

美国加利福尼亚大学育成。日中性品种，是阿尔比的姊妹系品种。

植株长势强，持续结果能力高；有着较低的需冷量，结果期间匍匐茎很少，苗圃的繁殖系数稍低。果实短圆锥形，果面红色，光泽度强，品质好。果实硬度大，货架期较长，耐贮运。该品种较抗白粉病，抗黄萎病。

三、露地栽培适用品种

（一）石莓7号

河北省农林科学院石家庄果树研究所以日本品种枥乙女为母本、美国品种全明星为父本杂交育成。

植株长势强，株高29.0厘米。三出复叶，叶色绿，叶面略呈匙状。每株出花序3～6个，每序着花7～15朵。每株抽生匍匐茎15条左右，平均每株繁育秧苗20～50株。果实圆锥形，果面平整，鲜红色，有明显蜡质层，光泽度强，萼下着色良好，无畸形果，无裂果，无果颈。果肉橘红色，肉质细腻，纤维少；味酸甜，香气浓，可溶性固形物含量10.5%；果实硬度0.447千克/厘米^2，较耐贮运。一级序果平均单果重33.6克，二级序果平均单果重21.5克，平均单株产量358.6克，丰产性好。果实适宜鲜食或加工果汁、果酱。中早熟，适宜露地及保护地半促成栽培。2012年通过河北省林木品种审定委员会审定。

（二）石莓8号

由河北省农林科学院石家庄果树研究所以高硬度优系455-3（童子1号×石莓4号杂交育出）为母本，丰产、优质、抗病优系458-2（枥乙女×全明星杂交育出）为父本杂交育成。

植株长势强，株高29.0厘米。3～4出复叶，叶色浓绿，叶面略呈匙状。每株花序3～6个，每序着花7～15朵。每株抽生匍匐茎15条左右，平均每株繁育幼苗30～50株。果实圆锥形，稍有果颈，果面平整，鲜红色，光泽度强，萼下着色良好，无畸形果，无裂果，果面着色均匀。果实萼片平贴或稍离，萼心稍平，去萼较易。果肉橘红色，肉质细腻，纤维少；味酸甜，香气浓，可溶性固形物含量10.3%；果实硬度0.549千克/厘米^2，耐贮运。一级序果平均单果重42.7克，二级序果平均单果重23.6克，平均单株产量444.5克，丰产性好。果实适宜鲜食或加工果汁、果酱。抗灰霉病、革腐病、终极腐霉烂果病、炭疽病，中抗黑霉病、叶斑病等。适宜在河北省及气候相似区域露地栽培和日光温室半促成栽培。2013年通过河北省林木品种审定委员会审定。

（三）哈尼

美国中熟品种。植株生长势强，株态直立，株冠中等大小，半开张。分枝力中等，繁殖力强。叶片中等偏大，椭圆形，较厚，深绿色，叶面光滑平展。单株着生花序2～4个，每个花序5～7朵花，花序梗直立，低于叶面。果实短圆锥形，果面平整，深红色，光泽强，外观艳丽。果肉橙红，髓心小，肉质稍硬，风味好，酸甜，有微香味，汁多，可溶性固形物含量8.6%～10%，维生素C含量为510毫克/千克。果实硬度为0.31千克/厘米^2，耐贮运。一级序果平均单果重18.7克，最大果重38克。果实采收期长，较丰产，平均亩产量为1 500千克以上。该品种休眠较深，抗病性强，适应性广，是深加工的极好品种，可露地栽培，更适宜中、小拱棚种植。

（四）森嘎拉

德国品种。植株生长势强，较直立。叶片大，近圆形，深蓝绿色，叶柄粗。匍匐茎粗，节间短，繁殖能力较弱。果实短圆锥形或短楔形。每株可抽生花序 3～7 个，花序低于叶面。两性花。一级序果常具棱沟，平均单果重 25 克，最大果重 40 克。果面深红色，平整，具光泽。种子黄绿色，平于果面。果肉质细，深红色，果汁有香味，可溶性固形物含量为 7.7%，维生素 C 含量为 648 毫克/千克，含酸量为 1.03%。果实较硬，抗病能力强，尤其抗叶部病害能力强，为中熟或中晚熟品种。该品种收获期短，一般为 15～20 天。丰产性好，露地栽培平均亩产量为 1 500～2 500 千克，高于哈尼。森嘎拉具有果实整齐美观、汁多，颜色深红，酸甜适口，除萼容易等特点，是适宜加工的优良草莓品种。

四、特色品种

（一）粉佳人

由沈阳农业大学园艺学院以鬼怒甘、粉红熊猫杂交育成的观赏兼食用的草莓新品种。

沈阳地区露地栽植时，5 月初始花，单株花数 30～40 朵，单花花期 5～7 天，群体花期可达 1 个月以上，6 月初果实成熟。抗寒性强，抗叶斑病，适于露地栽培或盆栽观赏。植株长势较强，株高 21.0 厘米。叶黄绿色，椭圆形，叶长 7.0～8.9 厘米，宽 5.6～6.6 厘米。花两性，粉红色，花较大，直径 2.7～3.5 厘米，花瓣 5～7 枚，花序低于或平于叶面。每株 2～5 个花序，每序 5～13 朵。匍匐茎红色，抽生能力很强，繁殖系数 40～70 株以上。果实红色，长圆锥形，酸甜，可溶性固形物含量 8.4%，一级序果平均单果重 14.9 克，最大果重 20.0 克。

（二）俏佳人

由沈阳农业大学园艺学院以草莓栽培品种鬼怒甘与红花草莓品种粉红熊猫杂交育成的观赏兼食用的草莓新品种。

沈阳地区露地栽植时，5月初始花，单株花数30～40朵，单花花期5～7天，群体花期可达1个月以上，6月初果实成熟。抗寒性强，抗叶斑病，适于露地栽培或盆栽观赏。植株长势中等，株高18.0厘米。叶深绿色，近圆形，叶面勺状，叶长6.4～8.2厘米，宽6.2～6.7厘米。花两性，深粉红色，花大，直径达3.5～3.7厘米，花瓣5～7枚，花序低于或平于叶面。每株2～4个花序，每序7～14朵。匍匐茎红色，粗壮，抽生能力强，繁殖系数40～50株以上。果实圆锥形，红色，较甜，可溶性固形物含量9.6%，一级序果平均单果重10.5克，最大果重15.0克。

（三）粉红熊猫

粉红熊猫由英国的Jack R.E.用草莓栽培品种（*Fragaria × ananassa*）与近缘的欧洲红花委陵菜（*Potentilla palustis*）进行属间远缘杂交得到。

植株矮小，株高10～15厘米。叶片小，深绿色，有光泽，卵圆形，前端平楔。匍匐茎红色，幼苗边抽生边开花。繁殖能力极强，田间每株可繁殖40～200株匍匐茎苗。具四季开花性，花瓣粉红色或红色，花大，直径一般为2～3厘米，最大可达4厘米。花量大，1年生植株当年平均单株开花50朵，2年生植株当年平均开花380朵，单花开放一般持续5～7天。果实小，单果重一般仅有5～10克，有草莓特有的香味，但风味偏酸。果实可溶性固形物含量8.0%，可滴定酸含量1.3%。适于露地栽培，也适于盆栽，主要用于观赏，花期长，可观花、观叶、观果。

第四章

主要栽培技术

一、土壤消毒技术

草莓是浅根性作物，在生长过程中对表土层营养元素吸收较多，对各种营养元素的吸收又具有选择性，长时间单一栽种草莓，吸收的是相同元素，留下的也是相同元素，使土壤中草莓所需营养逐年减少，根际周围的营养平衡失调；同时还造成土壤有害元素过剩积累，土壤盐渍化，使草莓的正常生长受抑制，甚至造成反渗透，植株枯竭死亡。因此，草莓多年连续种植会发生连作障碍。

草莓出现连作障碍，会使植株株高下降，叶片数减少，叶片黄化，产量下降，现蕾、开花等主要生育期明显落后于正常草莓，生长期短，品质降低。特别是在开花结果期，随着气温的升高和植株体内营养物质消耗的增加，连作草莓的生长发育状况急剧恶化，地上部分出现黄化、萎蔫及枯萎，甚至死亡，造成绝产。

为了克服连作障碍，可以充分利用每年6月初至8月初温度高、光照好的自然条件和草莓温室空闲时期，对草莓园区土壤进行消毒。

（一）太阳能土壤消毒技术

利用太阳能，高温闷棚土壤消毒，地表下10厘米处最高地温可达60℃，20厘米处地温可达40℃以上，高地温杀菌率达

80％以上，可有效地杀死土壤中的害虫、病菌和杂草种子，降低病、虫、草基数。对1～2年连茬大棚草莓土壤消毒效果尤为显著。

具体步骤如下：

1. **清理大棚** 将草莓植株全部拔除并挖出残留在土中的根茎，清除大棚内的其他作物病残体和杂草。

2. **撒有机物** 对种植畦耕翻、平整土地，将稻草、麦秸粉碎成3厘米长，按每亩600～700千克均匀铺撒在土壤上。

3. **深翻土壤** 对铺撒好稻草等有机物的土壤按深度30厘米深翻两遍，搅拌均匀，保证土壤疏松。

4. **做畦覆膜** 做高30厘米左右、宽60～70厘米的畦。做畦的目的是为了增加土壤的表面积，以利于快速提高地温，延长土壤高温所持续的时间，取得良好的消毒效果。做好畦后，畦间灌水至与垄顶畦面持平。用整块薄膜将整块地严密覆盖，封膜反方向压折，盖严实，不透气。

5. **大棚封闭** 盖大棚膜，与地面覆盖形成双层覆盖，封住所有出气口，严格保持整个大棚密闭性。

6. **消毒时间** 立枯病、菌核病、疫病等病害的病菌不耐高温，经过20天左右的热处理即可被杀死；根腐病和枯萎病等一些深根性土传病害的病菌，分布在土层深层，耐高温，须处理30～40天才能达到较好效果。

（二）石灰氮土壤消毒技术

石灰氮遇水分解产生氰胺和双氰胺等氢氮化物，这些氢氮化物具有抑制或杀灭病菌、线虫和杂草种子的作用。据有关单位试验研究，应用石灰氮土壤消毒，对防治地下害虫、根结线虫和杂草，及青枯病、立枯病、根肿病等土传病害具有一定的作用，可减缓连作障碍影响，还具有补充氮和钙元素，促进有机物的腐熟，改善土壤结构，降低蔬菜、草莓农产品中硝酸盐含量等作用。

石灰氮土壤消毒技术具体步骤如下：

1. **清洁温室**　将温室内上茬草莓收获后的遗留物清理干净，放置到远离种植区域的地方。

2. **撒有机物及石灰氮**　将稻草、麦秸、玉米秸秆（最好粉碎或铡成 4～6 厘米小段，以利翻耕）或其他未腐熟的有机物均匀撒于地表，亩用量 600～1 200 千克。然后，均匀撒施石灰氮 40～80 千克。

3. **深翻**　用旋耕机或人工将有机物和石灰氮深翻入土壤，深度 30～40 厘米为佳。翻耕应尽量均匀，以增加石灰氮与土壤颗粒的接触面积。

4. **做畦**　做高 30 厘米左右、宽 60～70 厘米的畦。

5. **密封地面**　用完好、透明的塑料薄膜将土壤表面密封起来，薄膜最好用整块的棚膜，封膜要反方向压折，保证盖严、盖实，不透气。

6. **灌水**　从薄膜下往畦灌水，直至畦面湿透为止。保水性能差的地块可再灌水 1 次，但地面不能一直有积水。

7. **密封棚室**　将温室棚膜完全封闭。一般晴天时，20～30 厘米的土层能较长时间保持在 40～50 ℃，地表可达到 70 ℃以上的温度。这样的状况持续 30 天左右，可有效杀灭土壤中多种真菌、细菌及根结线虫等有害生物。

8. **打开棚膜，揭地膜**　高温闷棚 20～30 天后，打开温室通风口，揭开地面薄膜，翻耕土壤，充分曝气。

9. **施入修复菌剂及肥料**　打开棚膜地膜 7～14 天后，施入生物修复菌剂（固氮、解磷钾、线虫等病虫害防治功能菌、腐熟菌类等），按照 5 千克/亩的用量施入，可以与其他腐熟有机肥等作底肥翻入土壤。

使用石灰氮土壤消毒法消毒，操作时应注意：

一是为充分发挥石灰氮分解过程中中间产物杀虫灭菌作用，应使土壤和石灰氮充分混合，保持土壤中足够的水分含量。保水性能较差的地块，应在处理过程中补充适量的水分。

二是密封性是决定土壤温度上升高低及快慢的主要因素之一，

应经常检查塑料薄膜的损害程度，如有破损，须及时修补。

三是处理过程中，如遇连续阴天或下雨，应适当延长处理天数。

四是操作时必须戴护眼罩、口罩、橡胶手套，身着长裤长袖作业衣、无破损长靴，以免药肥接触皮肤。药肥（石灰氮）一旦接触皮肤，请用肥皂、清水仔细冲洗；如误入眼睛，立刻用清水冲洗，严重者应接受医生治疗。需要强调的是，操作前后 24 小时内不得饮用任何含有酒精的饮料。

（三）棉隆土壤消毒技术

棉隆施用于潮湿的土壤中时，会产生一种异硫酸钾气体，迅速扩散至土壤颗粒间，有效地杀灭土壤中各种线虫、病原菌（真菌和细菌）、地下害虫及一年生杂草种子等，从而达到清洁土壤的效果。适合于多年连茬种植草莓、蔬菜的土壤消毒，是新型高效、低毒、无残留的环保型广谱性综合土壤熏蒸消毒剂。

棉隆土壤消毒技术具体操作步骤如下：

1. **整地**　施药前先松土，使土壤颗粒细小均匀，然后浇大水湿润土壤，并且保湿 5～7 天，湿度 50%～70%，以便线虫和病原菌增殖及杂草种子萌动，更易被杀灭。

2. **施药**　每处理 1 米² 需制剂量 30～45 克，不要与生物农药、生物菌肥等同时使用。

3. **混土**　施药后马上混匀土壤，混土深度为 30 厘米左右。

4. **密封消毒**　用开沟内侧压边法密封好四边，密封 10 天以上，密封用塑料膜厚度不要低于 6 丝。

5. **揭膜敞气**　揭去塑料膜，并按同一深度 30 厘米松翻土，再透气 5 天以上，即可移栽定植草莓苗。

（四）氯化苦土壤消毒法

氯化苦，英文名称为 nitrotrichloromethane，chloropicrin。中文名称为硝基三氯甲烷。无色或微黄色油状液体，有催泪性。分子量 164.39，蒸气压 5.33 千帕（33.8 ℃），熔点 －64 ℃，沸点

112 ℃。不溶于水，溶于乙醇、苯等多数有机溶剂。稳定。

氯化苦消毒需要专业公司进行操作，操作步骤如下：

1. **材料准备**　氯化苦药剂、氯化苦专用注入器、覆盖用农膜。

2. **土地准备**　草莓生产园地按标准施有用机质和基肥、翻耕、整细、耙平后消毒。保持土壤适当的干湿度，以手握成团，松开落地即散为准，过湿或过干均影响氯化苦在土壤中扩散，降低消毒效果。

3. **消毒时间**　8月初至9月5日，空闲地还可提前。

4. **药剂施用量及方法**　每300厘米^{2}注氯化苦3毫升，用氯化苦专用注入器注入土壤，注入药剂深度15～20厘米，亩用量20～30升，边注射药剂边用土覆盖眼穴。

5. **覆盖和揭膜**　一般情况下要求边注射，边覆盖，当整块地施药结束后，农膜四周用土压严密，不泄漏。消毒覆盖时间为7天，延长覆盖时间效果更好。揭膜采用二次法，即第一次在傍晚揭开农膜四角，通气；第二天上午揭除全部农膜，人远离消毒地块，隔天后对畦面进行松土透气。

6. **注意事项**　氯化苦对人畜有毒，有刺激和腐蚀性，使用、贮藏和揭膜时必须注意人身安全，当日未用完的药剂，收工后药剂必须入库，切勿与人畜同室。土壤注入氯化苦后农膜覆盖必须密闭，否则影响消毒效果。揭膜后进行翻耕，7～14天后，进行种子发芽试验，如果出苗正常，即可做畦，进行定植。

二、基质消毒技术

目前北京地区种植草莓除了传统的日光温室土壤栽培之外，还有部分地面半基质栽培及高架基质栽培。各种种植模式的消毒方法基本相近而略有不同。

（一）草莓半基质栽培

草莓半基质栽培是传统土壤栽培和高架基质栽培的过渡栽培方

式，相对于土壤栽培，在一定程度上减少了土壤病害的发生，且较比高架基质在管理上相对简便、易于操作，且投资成本低。

草莓生产结束后，用剪子贴着草莓新茎，将地上部剪掉。不要剪得过低，避免过几天拔草莓主根时不好拔，也不要剪得过高，避免草莓还继续生长。剪后几天，小须根就腐烂了，然后将草莓主根从基质中拔除，集中处理。

1. 石灰氮基质消毒法

（1）固体石灰氮消毒方法 在草莓拉秧去根后，保持基质在潮湿的状态下，每亩（按照有效消毒面积计算）撒施 40～60 千克石灰氮在基质表面后，与 5～10 厘米表层基质翻匀，把滴灌带摆好后，表层用透明地膜封闭后，滴灌浇水，使基质和土壤润透，封闭棚室，保持 20～30 天高温闷棚期，在定植前 7～10 天解除封闭，用喷头淋洗基质，降温、增湿。

（2）液体石灰氮使用技术 在草莓拉秧去根后，保持基质在潮湿的状态下，把滴灌带摆好后，表层用透明地膜封闭后，液体石灰氮 200～300 倍液滴灌在基质表面，并使基质润透，封闭棚室，保持 20～30 天高温闷棚期，在定植前 7～10 天解除封闭，用喷头淋洗基质，降温、增湿。

2. 氯化苦基质消毒法
由专业技术人员使用专用基质消毒机注射消毒，药剂为 99.5% 氯化苦溶剂，每亩（按照有效消毒面积计算）用量为 25 千克；覆盖 0.04 毫米 PE 薄膜，覆盖 7 天，7 天后揭膜敞气 7 天；敞气结束后做发芽试验检测残留，如果没有残留可以安排下茬作物生产。

3. 威百亩基质消毒法
使用滴灌施药技术，药剂量为每亩（按照有效消毒面积计算）20～30 千克，水量为 13～26 米^3。首先安装好滴灌设备，并提前检修确保设备的正常使用。将威百亩药剂溶于水，然后采用负压施药或压力泵混合滴灌进行施药，施药结束后用 0.04 毫米 PE 薄膜覆盖 7 天，然后揭膜敞气，敞气结束后做发芽试验检测残留，如果没有残留可以安排下茬作物生产。注意施药结束后先关闭施药系统，用清水继续滴灌半个小时后再关闭滴灌系统。

4. **棉隆基质消毒法**　棉隆药剂由专业技术人员采用棉隆施药机撒施，每亩（按照有效消毒面积计算）20～30 千克，用铁锹翻耕均匀，再浇水约 3 吨，使基质的相对湿度保持在 75％以上，覆盖 0.04 毫米 PE 薄膜。7～10 天熏蒸结束后揭膜敞气，然后做发芽试验检测残留，如果没有残留可以安排下茬作物生产。

5. **辣根素基质消毒法**　使用专用基质消毒机滴灌消毒，药剂为 20％辣根素制剂，每亩（按照有效消毒面积计算）用量为每 5升；覆盖 0.04 毫米 PE 薄膜，覆盖 7 天，7 天后揭膜敞气 7 天，敞气结束后做发芽试验检测残留，如果没有残留可以安排下茬作物生产。

（二）草莓高架基质栽培

高架基质消毒可采用太阳能消毒、石灰氮消毒和硫黄粉消毒 3种方式。

1. **太阳能消毒法**　草莓生产结束后，清洁田园，将草莓根系从基质中清除。堵住排水口，向槽内灌水，湿润全部基质（水分饱和），栽培架（槽）上覆盖透明地膜，并沿着栽培架四周用绳子扎紧，密闭温室，保持这种状态 30～40 天后即可揭膜、放水。定植前补充新基质并与旧基质混匀，或在消毒前补充基质，同时消毒。

2. **石灰氮消毒法**　也可以选用固体石灰氮和液体石灰氮两种类型。在草莓拉秧去根、清理田园后，堵住排水口。每立方米基质上撒施固体石灰氮 500～600 克，与基质混匀后灌水，或滴灌液体石灰氮 200～300 倍液，使基质保持湿润。覆盖透明地膜，并在四周用绳子扎紧，密闭温室，保持这种状态 30～40 天后即可揭膜、放水。用管子浇水，淋洗基质并搅动基质 1～2 次。

3. **硫黄粉消毒法**　在草莓拉秧去根、清理田园后，堵住排水口，浇水保持基质湿润，向畦面撒施硫黄粉，每立方米基质用700～900 克，在基质表面撒匀（不要翻到基质下面去），让硫黄粉逐渐渗入基质。覆盖透明地膜，并密封。注意不要超量使用，超量使用会对装填基质的黑白膜和无纺布等造成腐蚀。

三、避雨基质育苗技术

红颜和章姬等日系品种外形美观，口感香甜，逐渐为种植者和消费者所喜爱，其种植面积逐渐扩大，使得种苗需求量增加。而红颜等品种耐热性和抗涝性差，常规露地育苗繁殖系数低，易感染炭疽病、灰霉病和红茎根腐病，死苗现象普遍，在起苗和运输的过程中，根系受伤，容易出现缓苗慢、死亡率高、结果晚等现象。为了提高草莓种苗繁殖系数，减少炭疽病的感染概率，采用避雨育苗和基质育苗方法，可以有效提高种苗质量，种苗健壮，花芽分化整齐，并可促使草莓果实提早上市。

（一）设施要求

草莓基质育苗通常在塑料大棚内进行，也可以选择日光温室。要求塑料大棚或日光温室通风、透光，棚外整洁无杂草。塑料大棚四周和日光温室南外侧应挖排水沟，防止夏季大雨灌入棚内，对草莓种苗的生长造成不良影响。

草莓种植户在自己园区少量育苗，也可以在草莓生产用日光温室的北侧，借用（或共用）后墙，增加一个同长度或稍短但采光面朝北的一面坡温室，两者共同形成阴阳型日光温室。采光面向阳的温室称为阳棚，采光面背阳的温室称为阴棚。这种形式的温室，其阴棚正好利用了传统日光温室总图布置中为保证日光温室采光而必须留出的温室栋与栋之间的空地，使日光温室的土地利用率得到总体提高，同时可利用阴棚进行草莓避雨育苗。

1. **覆盖棚膜** 棚膜可采用聚乙烯膜，一个塑料大棚覆盖 4 块棚膜，顶部为 2 片压接，设顶风口，注意顶风口在闭合时，要能严格达到避雨的要求。为绝对防止雨水从棚上灌入，也可以覆盖 3 块棚膜，上面不留顶风口，只留两边下风口。棚膜要绷紧，否则，会造成部分棚膜积水。日光温室覆盖 3 块棚膜，留顶（上）风口和底（下）风口。也可以覆盖两块，仅留下风口（后墙留有通风口）。

2. **整地** 设施育苗要求每年对土壤、棚室和使用过的苗槽、穴盘或营养钵进行消毒。土壤消毒可以选择在 8 月底至 9 月中旬，采用氯化苦土壤消毒方式。苗槽、穴盘和营养钵在使用前消毒，可以使用 100 ℃蒸汽消毒或高锰酸钾溶液浸泡消毒。

草莓种苗如果全部采用基质栽植，可以压实整个棚室的地面。地面覆盖地布或黑色地膜，一方面可以将土壤与种苗隔开，避免感染土传病害，另一方面可以减少杂草的产生，降低因除草引起的人工投入。如果草莓母株定植在土壤中，子苗栽植在基质中，可在子苗槽、穴盘或营养钵下面铺地布或黑色地膜。

3. **安装通风机** 棚室内安装轴流通风机，促进空气的流通，可有效降低棚室内的温度。根据棚室的大小和轴流通风机的功率确定通风机的安装数量。一般（60～70）米×10 米的塑料大棚可安装 4 个风量为 2 000 米³/小时的轴流通风机，通风机安装在棚室的中央，轴心距离地面 1.7～1.8 米，沿南北方向（适合南北向的塑料大棚）顺序排列，间隔 10～15 米。50 米×8 米的日光温室可以安装 3 个，沿东西方向顺序排列。也可安装简易排风扇替代轴流通风机。一般长 60～70 米、宽 10 米的塑料大棚可安装 8 个风量为 2 000 米³/小时的排风扇，沿南北方向（适合南北向的塑料大棚），安装 2 排，2 排排风扇间隔 5 米左右。轴流风机可以自 4 月下旬开始使用，早上 8 时开放至下午 5 时，一直延续到育苗结束，可以有效降低棚室内的温度和湿度，防止白粉病的发生。

（二）基质育苗模式

草莓基质育苗模式有很多种，以有无架式，分为高架基质育苗和地面基质育苗；以种苗种植的介质，可分为槽式基质育苗、钵式基质育苗和穴盘基质育苗等。目前，生产上多采用槽式基质育苗方式，母株定植在土壤、育苗槽、营养钵或花盆中，育苗槽内径宽 18 厘米、高 18 厘米以上，营养钵或花盆内径在 18 厘米以上。子苗引压在长 0.6 米、1 米或 2 米，宽 8～10 厘米，高 8～10 厘米的育苗槽中，育苗槽可以拼接成 50 米或更长的槽，可依据棚室的长度规格而定。有些园区还采用钵式或穴盘基质育苗模式，即将子苗引压在独立的 6.5 厘米×6.5 厘米、8 厘米×8 厘米或 10 厘米×10 厘米的营养钵里，以及高 8.5 厘米或 12 厘米的 32 孔穴盘中。注意穴盘中子苗的密度。

（三）育苗槽（钵）准备

1. 育苗基质的配比与分装　育苗基质可采用草莓专用育苗基质，也可以按草炭：蛭石：珍珠岩＝2：1：1 的比例进行配比。基质要求透水透气性良好。基质准备好后，分装在育苗槽（钵）中，要求基质要尽量压紧实，基质的上表面距离槽（钵）边缘 2～3 厘米。

2. 育苗槽（钵）的摆放　母株定植在土壤中，可沿南北向定植，单行，株距 30 厘米。母株定植在育苗槽（钵）中，育苗槽（钵）装好基质后，沿南北方向摆放在塑料大棚或日光温室中。为管理方便，母株用育苗槽、营养钵或花盆南北成行摆放。育苗槽连续摆放，不留空隙。母株用营养钵或花盆间隔（中心距离）30 厘米摆放。如果子苗使用育苗槽盛接，可在单行种植的母株两侧，各摆放 4 行育苗槽。如果子苗用穴盘盛接，穴盘可摆放在母株的一侧或两侧，顺序摆放 1 行。如果子苗使用营养钵盛接，营养钵摆放在母株用育苗槽、营养钵或花盆的两侧，每侧排列 4 行。第一行子苗用育苗槽或营养钵距离母株用育苗槽（钵）25～30 厘米（中心间距），穴盘内边与母株槽（钵）之间留 10 厘米间距。子苗用营养钵行间距（营养钵中心距离）20 厘米。母株滴灌浇水，滴灌带放在母株一侧，靠近草莓母株根茎部的位置。子苗可采用滴灌浇水，滴灌带摆放方式同母株，也可采用人工管浇。母株用滴灌带出水口间距 20～30 厘米，子苗用滴灌带出水口间距 5～10 厘米。

（四）种苗（母株）选择

与露地育苗相同，繁育原种一代苗，应选用健壮、根系发达、有 4～5 片叶的脱毒种苗作母株。繁育生产苗，应选用健壮、根系发达、有 4～5 片叶、无病虫危害的原种一代苗作母株。

（五）定植母株

1. **定植时间**　在北京地区，保护设施内定植草莓母株，时间可以较露地育苗方式提前 20～25 天，定植的适宜时期为 3 月下旬至 4 月上旬。也可以在上一年的秋季准备好母株，将母株定植在育苗槽、营养钵或花盆中，放在塑料大棚等地越冬，经常保持基质湿润，并注意棚室的密闭，避免冻害或大风吹干草莓叶片而造成死苗。春季气温升高，即可开始正常生长。

2. **定植要求**　育苗槽内栽植母株，株距 30 厘米。若使用营养钵或花盆，每个营养钵或花盆栽植 1 株，栽植在钵（盆）的中央。母株定植时要把握"深不埋心，浅不露根"的原则。定植后浇足定植水。

（六）田间管理

1. **温度管理**　3 月底至 4 月初，母株定植后，温度较低，注意封闭棚室，温度保持 28 ℃，＞28 ℃可以打开顶风口，＜24 ℃，关风口。进入 4 月中下旬，可以关闭顶风口，打开塑料大棚东西两侧下部薄膜，撤下南北（门）两边的薄膜，加强通风。日光温室可打开底风口，没有大雨大风的情况下，一直打开，保持通风。

进入 5 月后，光照增强，温度升高，棚室覆盖遮阳网（60％遮阳）进行遮阳降温。白天打开轴流风机，促进棚室内空气循环。

2. **水分管理**

（1）**母株水分管理**　母株定植在土壤中，依据天气情况和土壤质地，3～5 天浇 1 次水。母株定植在基质中，母株定植水要浇透，之后，水分管理根据气候的不同而有所变化。3 月，气温较低，每天可滴水 1～2 次，每次 10～15 分钟，在上午气温达到 20 ℃左右时滴水；4 月，气温升高，植株蒸腾作用增强，每天滴水 2～3 次；5～8 月，每天滴水 3～4 次。

（2）**子苗水分管理**　压苗后滴灌给水。5～6 月，每天滴水 1～2 次，每次 5～10 分钟；7～8 月，每天滴水 2～3 次。如果采用人工浇水，可根据基质的湿润状态每 1～2 天浇水 1 次，每次浇透。随着子苗的生长，注意检查子苗槽的排水情况，避免排水不畅造成沤根或土传病害的发生。

3. 肥料管理

(1) 母株肥料管理 母株缓苗后，根据叶子的颜色，每 15～30 天施用 1 次三元复合肥（15∶15∶15），每株 10 克，撒施在苗周围基质上，或者穴施在母株的根系附近。

(2) 子苗肥料管理 子苗切离后，追施三元复合肥，每 7 天 1 次，每次每株 2～3 克，共追 2 次。8 月后，每周喷施 0.3％的磷酸二氢钾 1 次，促进花芽分化。

也可以使用全溶性水溶肥，滴灌施入。

4. 植株整理

(1) 去除老叶、病叶 整个种苗繁育过程中及时摘除老叶和病叶，便于通风透光，减少病虫害的发生。子苗保留 4～5 片叶。

(2) 去除花蕾 及时去除花蕾，减少养分消耗。

(3) 引茎压苗 摘除细弱匍匐茎，每个母株选留 6～8 条健壮匍匐茎。匍匐茎上子苗长至 1 叶 1 心时进行压苗。匍匐茎引压在母株的两侧，压苗使用专用育苗卡或用铁丝围成 U 形，卡在靠近子苗的匍匐茎端，将子苗固定在子苗用育苗槽或营养钵中，注意压苗不要过紧、过深，以免造成伤苗。从母株匍匐茎长出的子苗为一级子苗，从一级子苗的匍匐茎长出的子苗为二级子苗，以此类推。第一级子苗压在第一行子用育苗槽或营养钵中，第二级子苗压在第二行子用育苗槽或营养钵中，第三级子苗压在第三行子用育苗槽或营养钵中，第四级子苗压在第四行子用育苗槽或营养钵中。同一行子苗间距离在 5 厘米以上。

(4) 子苗切离 7 月中旬进行子苗切离，即剪断子苗与母株以及子苗与子苗间的匍匐茎。在靠近子苗的一端留 3～4 厘米匍匐茎。视子苗生长情况，可一次性全部切离，也可先切离母株和一级匍匐茎，2～3 天后再切离二级匍匐茎，以此类推。子苗切离，配合叶片的合理摘除，可以使各级子苗的长势趋于一致，尤其表现在株高方面。

（七）病虫害防治

利用设施特别是塑料大棚进行避雨育苗越来越受到重视，利用这种方式繁育草莓种苗可以提早母株定植期，草莓育苗时间延长，繁殖系数增加，炭疽病发生比例降低，壮苗率提高。但是如果因为设施原因或种苗过密造成通风不畅，也会引起草莓白粉病的发生，同时红蜘蛛也成为设施基质育苗中的主要虫害。

加强草莓苗期管理促进草莓种苗健壮生长，做好病虫害的预防尤为重要。对草莓苗地要定期打药防病，可选用广谱性杀菌剂，每周1次，注意轮换用药。在大风、大雨和植株整理（打叶、摘除匍匐茎、摘除花序等）后再补打1次。病虫害发生后，进行针对性防治。

1. **炭疽病**　利用设施育苗，可以避免雨水对种苗的影响，控制炭疽病的传播。同时，利用基质育苗，也有效地减少了土传病害的发生。但是，由于种苗携带、雨水进入、浇水方式不当或通风透光差等原因也会造成炭疽病的发生和传播，在短时间内整片种苗死亡，造成毁灭性损失。

防治：①首先要选择优质无病虫害携带的原种一代苗作为母苗。②对草莓棚内外的杂草要及时人工拔除，使苗地通风透光，不宜使用除草剂。③在多雨季节到来之前，在设施外挖排水沟，防止暴雨来临时，雨水进入棚内淹苗，受淹苗地及时用清水洗去苗心处污泥，拔掉受伤叶片，然后整理植株，及时摘除老叶、病叶、枯叶，剪去发病的匍匐茎，并集中处理；下雨时棚室的顶风口务必处于密闭状态，避免雨水击打种苗。④及时引压子苗、摘除老叶、病叶，当子苗达到预计数量时，用剪刀将母株与子苗切离，并拔除母株，促进通风透光。⑤浇水方式采用滴灌，最好不使用喷灌和漫灌方式。

2. **黄萎病**　经常观察子苗的生长情况，发现幼苗新叶失绿变黄或弯曲畸形，叶片狭小呈船形，复叶上的两侧小叶不对称，呈畸形，多数变硬，叶色黄化。发病植株生长不良，无生气，叶片表面粗糙无光泽，从叶缘开始凋萎褐变，最后植株枯死等症状，要尽早拔除并将相邻植株同时拔除后集中处理，以减少病菌侵染源。

3. **白粉病** 为防止草莓苗期白粉病的发生，需要经常进行植株整理，包括去老叶、病叶和无效叶片以及摘除细弱匍匐茎和花序，保持植株通透；少量多次给水，避免水量剧烈变化、干湿不平衡；合理施肥，促进植株健壮生长，提高机体抗性。安装轴流风机促进棚室内空气的流动也是非常有效的措施。

4. **螨类** 高温干燥是诱发叶螨大发生的有利条件，短时代内可造成很大损失。露地育苗中，暴雨对叶螨的危害有一定的克制作用。而与露地育苗不同，设施育苗不受雨水的冲刷，基质容易干燥，因此容易造成螨类的大发生。螨类发生时，草莓叶片呈锈色干枯，状似火烧，植株生长受抑制，并有细蛛网存在，严重影响子苗产量和质量。

草莓设施育苗期间，要注意田间灌水，保持土壤或基质湿润，避免干旱。随时摘除老叶和枯黄叶，加强通风透光。经常观察叶片的背面，发现少量螨虫，就需要进行及时防治。首先将有虫、病残叶带出园区集中处理，减少虫源。之后选用药剂防治，药剂3～5天喷1次，连喷3次，虫害可以得到很好控制。喷雾时注意将喷头先插入植株下部朝上喷，再从上面向下喷，使药剂喷布叶片背面和正面，在喷药前最好先清除老叶，这样不仅施药方便周到，而且效果好。鉴于叶螨容易对同一种药剂产生抗性，防治时注意各种药剂交替使用。有条件的园区也可以通过释放智利小植绥螨等捕食螨防治草莓叶螨，释放捕食螨后，严禁使用杀虫剂。

成螨靠风、雨或通过调运种苗以及农事操作、工具等途径传播扩散，注意防控。

5. **斜纹夜蛾** 斜纹夜蛾在温室中同样危害草莓种苗，造成种苗叶片的缺刻，甚至吃光叶片、危害茎秆和生长点。防治斜纹夜蛾可以在棚室风口处安置防虫网，也可人工捕捉和药剂防治，打药时注意防治适期、打药时间和打药方法，轮换用药。

（八）出苗标准

利用保护性设施进行草莓基质育苗，通过及时的植株调整、适当的水肥管理和定期的药剂预防，培养的基质苗根系发达，新茎粗在 0.8 厘米以上，具有 4～5 片功能叶，植株健壮，病虫害发生少，壮苗率可达 90%。

四、水肥一体化技术

水肥一体化技术是将灌溉与施肥融为一体的农业新技术。水肥一体化是借助压力灌溉系统，将可溶性固体肥料或液体肥料配兑而成的肥液与灌溉水一起，均匀、准确地输送到作物根部土壤。采用灌溉施肥技术，可按照作物生长需求，进行全生育期需求设计，把水分和养分定量、定时，按比例直接提供给作物。压力灌溉有喷灌和微灌等形式，目前常用形式是微灌与施肥的结合，且以滴灌、微喷与施肥的结合居多。微灌施肥系统由水源、首部枢纽、输配水管道、灌水器四部分组成。水源有河流、水库、机井、池塘等；首部枢纽包括电机、水泵、过滤器、施肥器、控制和量测设备、保护装置；输配水管道包括主、干、支、毛管道及管道控制阀门；灌水器包括滴头或喷头、滴灌带。

（一）技术要点

1. 微灌施肥系统的选择 根据水源、地形、种植面积、作物种类，草莓栽培一般选择滴灌施肥系统，施肥装置一般选择文丘里施肥器、压差式施肥罐或注肥泵。有条件的地方可以选择自动灌溉施肥系统。

2. 制定微灌施肥方案

（1）微灌制度的确定 根据种植作物的需水量和作物生育期的降水量确定灌水定额。露地微灌施肥的灌溉定额应比大水漫灌减少 50%，保护地滴灌施肥的灌水定额应比大棚畦灌减少 30%～40%。

灌溉定额确定后，依据作物的需水规律、降水情况及土壤墒情确定灌水时期、次数和每次的灌水量。

(2) 施肥制度的确定 合理的微灌施肥制度，应首先根据种植作物的需肥规律、地块的肥力水平及目标产量确定总施肥量、氮磷钾比例及底肥、追肥的比例。作底肥的肥料在整地前施入，追肥则按照不同作物生长期的需肥特性，确定其次数和数量。实施微灌施肥技术可使肥料利用率提高 $40\%\sim50\%$，故微灌施肥的用肥量为常规施肥的 $50\%\sim60\%$。

(3) 肥料的选择 微灌施肥系统施用底肥与传统施肥相同，可包括多种有机肥和多种化肥。但微灌追肥的肥料品种必须是可溶性肥料。符合国家标准或行业标准的尿素、碳酸氢铵、氯化铵、硫酸铵、硫酸钾、氯化钾等肥料，纯度较高，杂质较少，溶于水后不会产生沉淀，均可用作追肥。补充磷素一般采用磷酸二氢钾等可溶性肥料作追肥。追肥补充微量元素肥料，一般不能与磷素追肥同时使用，以免形成不溶性磷酸盐沉淀，堵塞滴头或喷头。通常使用螯合态微量元素肥料。

3. 配套技术 实施水肥一体化技术要配套应用作物良种、病虫害防治和田间管理技术，还可因作物不同，采用地膜覆盖技术，形成膜下滴灌等形式，充分发挥节水、节肥优势，达到提高作物产量、改善作物品质、增加效益的目的。

4. 草莓灌溉施肥原则 草莓根系分布浅，植株矮小而面积较大，叶片更新频繁，浆果含水量高，营养繁殖快，蒸腾量大，据测定，促成栽培从 9 月到翌年 5 月，1 株的吸水量可达 15 升，因此根系生长对土壤浅层水分要求较高，对水分反应非常敏感，具有少量多次的需水特点，既不抗旱也不耐涝。草莓生长结果期较长，需肥量较大，每生产 1 000 千克草莓果实，需要氮（N）13.3 千克，磷（P_2O_5）6.7 千克，钾（k_2O）13.3 千克。

草莓生产中，施肥一般应该遵循以下原则。①基肥以有机肥（堆肥）为主。②坚持基肥和追肥相结合，根据草莓的需肥规律、不同生长阶段需求和草莓长势确定草莓追肥种类（氮、磷、钾不同配比）、次数和数量。③密切关注草莓植株长势，适量补充微量元素，避免出现缺素症状，影响草莓产量和品质。

（二）灌溉施肥系统的维护

草莓生产中，要注意对灌溉施肥系统进行维护，保证其正常使用。由于缺少维护而造成滴灌系统堵塞、压力不均匀和跑冒滴漏等情况，将严重影响草莓的生产，甚至造成植株的死亡。对滴灌施肥系统进行及时正确的维护，还可延长使用寿命，降低投入成本。

1. 毛管

① 灌溉系统运行前，检查管道是否有破损或损伤、丢失等情况，并及时给予修复处理；检查所有的阀门，若有缺损及时修补；关闭主支管道上的排水球阀，打开相应阀门，开启水泵进行毛管冲洗。

② 灌溉系统运行中，应注意管道压力变化，及时检查系统各级管道是否有漏水情况，如发现漏水情况，及时关闭水泵，对管道进行维修，根据情况确定维修方式，常用的有快速接头、普通接头、特殊处理等。

③ 灌溉季节结束后，打开若干轮灌组阀门，开启水泵，打开毛管末端堵头，使用高压逐个冲洗轮灌地块，将管道内的污物冲洗出去，后将堵头装回封闭毛管。完成系统冲洗后，应将管道中所有泄水阀门打开直至泄水完毕，如有局部低洼导致的管道积水可采用管道压气方法将水排出，防止冬季管道冻裂。同时，保持系统各阀门手动开关置于开的位置，压力表等仪器装置保养后妥善保管。在田间将各滴灌管（带）拉直，避免其扭折破裂，如果需要对滴灌管（带）进行回收，也要注意勿使其扭折。

2. 灌水器

① 每 2～3 年对灌水器灌水均匀度进行检测，当灌水器流量偏差 $q_v \geq 0.2$ 时，采取化学（加氯、加酸）处理措施对灌水器堵塞物质进行清除，如还不能保证灌水均匀度，则需对毛管进行更换。

② 灌溉过程中，经常检查灌水器的工作状况并测定流量，必要时可以采取加氯、加酸等措施，尽量减少灌水器堵塞。对微灌系统进行化学处理时，必须严格按照操作规程进行，确保安全，防止污染水源或对人畜造成危害。

3. 过滤装置

① 灌溉前，检查过滤装置各部件完好，连接正确，然后紧固螺丝。开泵后排净空气，检查过滤器，若有漏水现象应及时处理。

② 过滤装置运行中，定期冲洗排污、清洗过滤元件。

对于沙石过滤器，前后压力表压差接近最大允许值时，必须冲洗排污。冲洗时避免滤沙冲出罐外，必要时及时补充滤沙。

对于离心式过滤器，运行期间应定时排污。滤沙结块或污物较多时，应彻底清洗，灌溉后彻底清除贮积沙罐中的沙石。

对于叠片过滤器，前后压力表压差接近最大允许值时，必须冲洗排污。如冲洗后压差仍接近最大允许值，应取出过滤元件进行人工清洗。

对于筛网过滤器，前后压力表压差接近最大允许值时，必须冲洗排污。当进出口压力差超过原压差 0.07 兆帕时，应对网芯进行清洗。每次灌水后应取出过滤网罩进行清洗。

③ 灌溉季节结束后，必须排净各种过滤器中的积水，压力表等装置应卸下妥善保管；清除过滤器表面污物，喷涂防锈漆，保持过滤器外观整洁。

4. 施肥（药）装置

① 检查肥料罐或注肥泵的零部件与系统的连接是否正确。

② 施肥（药）过程中应定时将施肥灌排污阀打开，将没有化开的化肥渣滓和沉淀物排除。每次施肥结束后，利用清水冲洗施肥系统，以保证系统清洁，为下次施肥做好准备。

③ 灌溉季节结束后，应对施肥装置各部件进行全面检修，清洗污垢，更换损坏和被腐蚀的零部件，并对易蚀部件和部位进行处理。

（三）实施效果

1. **节水**　水肥一体化技术可减少水分的下渗和蒸发，提高水分利用率。在露天条件下，微灌施肥与大水漫灌相比，节水率达 50％左右。保护地栽培条件下，滴灌施肥与畦灌相比，每亩大棚或温室一季节水 80～120 米^3，节水率为 30％～40％。

2. **节肥**　水肥一体化技术实现了平衡施肥和集中施肥，减少了肥料挥发和流失，以及养分过剩造成的损失，具有施肥简便、供肥及时、作物易于吸收、提高肥料利用率等优点。在产量相近或相同的情况下，水肥一体化与传统技术施肥相比节省化肥 40％～50％。

3. **改善微生态环境**　保护地栽培采用水肥一体化技术，一是明显降低了棚内空气湿度。滴灌施肥与常规畦灌施肥相比，空气湿度可降低 8.5～15 个百分点。二是保持棚内温度。滴灌施肥比常规畦灌施肥减少了通风降湿而降低棚内温度的次数，棚内温度一般高 2～4 ℃，有利于作物生长。三是增强微生物活性。滴灌施肥与常规畦灌施肥技术相比地温可提高 2.7 ℃，有利于增强土壤微生物活性，促进作物对养分的吸收。四是有利于改善土壤物理性质。滴灌施肥克服了因灌溉造成的土壤板结，土壤容重降低，孔隙度增加。五是减少土壤养分淋失，减少地下水的污染。

4. **减轻病虫害发生**　空气湿度的降低，在很大程度上抑制了作物病害的发生，减少了农药的投入和防治病害的劳力投入，微灌施肥每亩农药用量减少 15％～30％，节省劳力 15～20 个。

5. **增加产量，改善品质**　水肥一体化技术可促进作物产量提高和产品质量的改善。试验研究证明，采用水肥一体化技术比常规施肥方式（沟灌）能节肥 35.1％、节水 46.1％，总产量增加 36.6％，优等果产量增加 71.4％。应用水肥一体化技术能有效预防草莓病害及畸形果的发生，果实大小均匀，果面洁净光泽亮丽，果肉致密，商品性大大提高，使草莓生产更加安全、优质、高效。

6. **提高经济效益**　水肥一体化技术经济效益包括增产、改善品质获得效益和节省投入的效益。设施栽培草莓一般每亩节省投入

1 500～1 800 元，其中，节约水电费用 185～230 元，节肥 430～550 元，节药 280～320 元，节省劳力 605～700 元，增产增收3 500～5 000 元。

五、温湿度调控技术

设施草莓能否栽培成功，不仅仅取决于草莓本身的适应能力，还与温度、湿度等环境条件息息相关。有效控制温度、湿度，是设施草莓栽培成功的重要环节，搞好设施内温度和湿度调控既能够为草莓生长创造良好的环境条件，还能够达到优质高产的目的。设施保温后的温度升高、湿度加大，会直接影响草莓生长发育、产量和质量，因此温度、湿度管理是一项极其重要而又细致的工作。一般情况下，温度低成熟得慢，但利于果个增大；温度高成熟得快，果个相对较小。生产上，促成、半促成栽培，如果以早熟为目的，温度管理可以适当偏高，如果为了形成较大的果实，温度管理应适当偏低。因此，在草莓栽培上首先应明确草莓各生长阶段的温度、湿度需求，然后通过各种方法进行调控，最大程度保证草莓的正常生长发育。

（一）温度调节

草莓在不同时期要进行不同温度的调节，主要有以下几种措施：

1. 确定日光温室覆盖薄膜的时间　扣棚保温的开始时间是草莓促成栽培的关键技术。保温过早，温度过高，不利于腋花芽分化，坐果数减少，产量下降；保温过晚，植株容易进入休眠状态，植株生育缓慢，开花结果不良，果实个小，产量低。因此，适宜的保温开始期应根据花芽分化状况而定。当夜间气温降至 5～8 ℃时开始进行覆膜保温较为适宜，一般北方地区在 10 月中旬。扣棚后应保持较高的温度，白天一般为 28～30 ℃，超过 30 ℃时要开始通风换气，夜间温度保持在 12～15 ℃，最低温度不能低于 8 ℃。因保温初期外界气温还较高，夜间可暂时不加盖棉被，并要随时注意白天通风降温，以后视温度下降情况覆盖棉被保温。

2. **风口、棉被调节**　温室中的增温和保温，是靠白天日光透过薄膜射入室内，使温度不断增加。白天积累的温度保存起来是靠夜间棚膜上的棉被阻止热量外传。人为调节室内温度时，要靠早晚揭盖棉被和中午开关放风口的大小和放风时间来调节。

一般应掌握：外界温度较低，需增加温室内的温度时，棉被要尽量晚揭早放，风口要小，放风时间要短；外界温度较高，需降低室内温度时，棉被要早揭晚放，风口要放大一些，放风时间也长些。早期放风应在上午开始，午后关闭，低温时期如 12 月和 1 月则要在中午放风。放风的早晚及放风量的大小可根据温室内温度判断。此外，风口要逐渐开启，以免骤然放风过猛伤苗。冬季遇特殊天气时，如寒流、连阴天、雪天要减少放风，注意保温。3 月中旬以后，温度再升高时，可以将风口开大，或将棚膜两侧或前脚打开进行放风降温。

3. **二层幕保温增温技术**　草莓日光温室和塑料大棚生产中，如遇极端严寒天气，棚室内的最低温度可能下降到 3 ℃以下，有时甚至可降至 0 ℃以下，影响草莓生长，出现草莓生长缓慢、果实成熟转色慢、草莓花发育不良、畸形果增加、草莓休眠等问题。为了加强防寒保温，提高棚室内的夜间温度，减少夜间的热辐射可采用多层薄膜覆盖，指在日光温室和塑料大棚内再覆盖一层或几层薄膜，进行内防寒，俗称二层幕。白天将二层幕拉开接受光照，夜间再覆盖严格保温。二层幕与棚膜之间一般间隔 30～50 厘米。二层幕使用的薄膜可选择厚度 0.1 毫米的聚乙烯薄膜，或厚度为 0.06 毫米的银灰色反光膜，或厚度为 0.015 毫米的聚乙烯地膜。与普通温室相比，使用二层幕可以提高棚室温度 2 ℃，并且可降低湿度，也可以达到一定的防治白粉病和灰霉病的作用。

4. **其他增温技术**

(1) **增温热风炉**　使用空气源热泵或其他加温设备可以提高温室内温度，通过利用暖风机实现了水的循环，进行加温的同时并不提高温室内的湿度。

(2) **增温块**　增温块是通过燃烧释放出大量的热量和二氧化碳进而起到提高棚室内温度和补充二氧化碳的作用。当冬季夜晚特别是寒流到来时，室温逐渐下降，温度过低不利于草莓生长，因此可以采用增温块进行增温。将增温块放置在立起的砖头上，离地高度不低于15厘米，将增温块放在筛网上，正面朝上，底部保持良好的通风，每棚用量3～5块，可提高2～3℃。

(3) 生物反应堆　　生物反应堆技术主要是在土壤中铺设秸秆，并施用附属的生物菌剂，使秸秆或农家肥在通氧的条件下分解，产生热量、释放二氧化碳及有机物的生态技术。试验研究表明，使用秸秆反应堆技术，温室内温度提高0.9～2.6℃，湿度降低3.3%～7.1%，土壤温度提高1.0～1.4℃，温室内二氧化碳体积分数提高154.5～270.7微升/升。

(二) 湿度调节

草莓属多年生草本植物，植株矮小，呈半平卧丛状生长，根系属须根系，在土壤中分布浅，叶片多而大，所以水分蒸发量也大，故对水分反应敏感，喜潮湿又怕水涝。在整个生长季节，叶片几乎都在不断地进行老叶死亡、新叶发生的过程，叶片更新频繁。草莓的这些特点决定了草莓不同物候期对土壤水分的需要量不同，正常生长期一般要求土壤相对含水量在70%为宜。萌芽及开花期，土壤含水量不应低于最大持水量的70%，果实膨大期要求80%为好，花芽形成期应保持60%左右。简单的测量方法是：一般的沙壤土、壤土用手能攥成团、掉地下能散开，就是60%～70%的含水量。草莓既不抗旱，也不耐涝，不仅需要土壤中有适当的水分，还要求有足够的空气。如果土壤中水分太多或者长时间积水会导致通气不良，在缺氧条件下，根系就会加速衰老死亡，进而影响地上的植株生长发育，降低抗寒性，严重时，叶片变黄、枯萎、脱落，甚至造成植株窒息死亡，果实成熟期如果水分太多，易造成烂果，因此，浇水时应少浇水勤浇水。

草莓栽培对空气湿度要求比较严格。一般情况下，相对湿度要控制在80%以下。日光温室草莓花期空气相对湿度以40%～60%为最佳，花期湿度过高，花蕊的开裂和花粉管的萌发会受到影响，造成授粉受精不良；草莓花期湿度过低，导致畸形、瘦弱果实增多，降低产量和品质，严重影响农户种植草莓的经济效益。草莓植株进入果实膨大期后，湿度对果实成熟期的果实产量的形成和品质的提高关系也很密切，如湿度过大，草莓的植株就会极易感染灰霉病和白粉病，降低产量和品质。日光温室草莓进入采收期后，温室内相对湿度很高，若未采取放风技术措施，密闭温室内相对湿度高达95％～100％；即使在晴朗的天气条件下，也会有90％左右的相对湿度，而且每天持续的时间长达8～9小时，相对湿度经常达到超高状态。尤其是在温室密闭的夜间、无光照或少光照的阴天、灌水后的近日，日光温室内的湿度往往超出适宜的标准。果实采收期日光温室内湿度的变化升降特点是低温大于高温、阴天大于晴天、夜间大于白天、灌水后大于灌水前、放风前大于放风后。每次灌水后就要及时提高日光温室内的温度，适当加大放风量，可有效解决日光温室内空气湿度过大的问题，及时控制因湿度过大导致的病害发生和畸形果实产生。放风时要特别注意保持温度，晴天适当延长放风时间，可以在一定程度上加大排湿量，降低温室内的湿度。降低温室内的湿度主要有以下几种措施：

1. **覆盖地膜**　铺设地膜不仅可以提高土壤温度、降低湿度，而且还能提升土壤保水肥能力，改善土壤的理化性状，减少地表盐分富集以及防止杂草生长，从而为草莓营造出良好的生长环境。

①铺设地膜前，适当控水先进行一次中耕，疏松土壤，去除畦面和沟内的杂草，同时平整畦面。然后，使用阿米西达、阿维菌素等药剂对棚室进行一次彻底消毒，主要包括草莓苗、畦面、畦沟、温室后墙、空间等。

②地膜必须拉紧铺平无皱折，并与地面紧贴，垄上垄下全覆盖，膜间交界处要搭好、压实。

③覆盖地膜后，要及时将草莓植株从膜下全部掏出。

④日常管理要科学。铺设地膜后，采取日常管理时，要尽量不损坏地膜，发现地膜破裂或四周不严时，应及时压紧，保证地膜覆盖的严谨。

⑤覆膜时间要选好。铺地膜要选在花芽开始伸长前，以免铺

膜操作时折断花芽,造成草莓收获期错后。选择下午进行铺膜,避免早晨由于植株较脆而在铺膜过程中伤苗。

2. 及时放风 保温初期,为使植株适应高温环境,常常通过保温前浇水的方法增大湿度。扣棚保温以后,室内湿度很高,早晨未放风前,相对湿度可达100%,湿度过高会诱发各种病害,特别是花期湿度过高,花药的开裂和花粉的萌芽就会受到抑制。因此,降低温室内的空气湿度很重要。一般排湿结合调节温度的放风进行,每天中午前后要放风,放风时间的长短要根据室内温度而定,不能为排湿而影响各生育期要求的温度。低温季节和阴雪天室内湿度大,放风又会使室内温度降低,这时只能在中午短时通风。

3. 其他方法 在草莓垄间铺设稻草、麦草、枯草、玉米秸秆等可减少土壤水分蒸发,起到保墒增温作用。

六、病虫害绿色防控技术

病虫害绿色防控是以保护农作物安全生产、减少化学农药使用量为目标,采取农业防治、生物防治、物理防治、科学用药等环境友好型措施来控制有害生物的有效行为。

设施草莓的绿色防控应坚持预防为主,综合多种防控措施,以加强栽培管理为基础,发挥植株自身抗病能力和自然天敌控制害虫的作用,将病虫害的危害控制在最低水平。设施草莓病虫害绿色防控主要突出强调以下几个方面:一是强调健康栽培。从土、肥、水、品种和栽培措施等方面入手,培育健康种苗、采用抗性或耐性品种、适当的肥水管理以及间作、套种等科学的栽培措施,创造不利于病虫害发生和发育的条件,从而抑制病害的发生和危害。二是强调病虫害的预防。从生态学入手,改造害虫虫源地和病菌滋生地,进行田园清洁,减少虫源和菌源量,了解害虫的生活史以及病害的循环周期,采取物理、生物或化学调控措施,破坏病虫的关键繁殖环节,从而抑制病虫害的发生。三是强调生物防治的作用,注重采用生物防治技术与发挥生物防治的作用,通过农业措施等调整和保护与利用自然天敌，从而将病虫害控制在经济损失允许水平之内，也可以通过人工增殖和释放天敌等措施来防治病虫害。四是强调科学农药。尽量使用农业、物理等措施来减少化学农药的使用，但在病虫害大发生时，必须使用农药才能控制其危害时，要优先使用昆虫天敌、生物农药或高效、低毒、低残留且在草莓上获得登记的农药，根据病虫害的发生规律、危害部位，严格掌握施药时间、次数和方法，严格遵守安全间隔期，尤其是在结果期。同时，要遵守农药的轮换使用原则，避免长时间单一使用同一类农药而产生抗药性。

（一）农业防治

农业防治是指通过培育健壮植株、增强植株抗性、耐性等适宜的栽培措施降低有害生物种群数量、减少其侵染可能性或避免有害生物危害的一项植物保护措施。选用为抗病虫苗，其他包括如轮作、间作、套作、翻耕晒土，做好施肥、排灌、温湿管理、中耕除草、田园清洁等田间管理，适时采收、运贮等。

1. **园地选址**　草莓的适应性较强，但要获得优质高产果实，应选择地面平整、阳光充足、土壤肥沃、疏松透气、排灌方便的田块。宜采用水旱轮作田，前茬为小麦、豆类为宜，不宜种瓜果、茄科、甜菜等蔬菜作物；土壤选择偏酸性至中性的中壤土或轻黏土田块种植草莓。选择在生态条件良好，远离污染源，并具有可持续生产能力的农业生产区域。

2. **选用无病虫优良品种**　品种选择应考虑地区适应性、栽培目的和栽培方式。不同地区应选择适合本地气候特点的品种。鲜食或加工对品种的要求不同，即使是兼用型品种，对不同的加工制品也有不同要求。栽植方式不同、对品种的要求也有差异。保护地栽培或露地栽培均各有适宜的品种，盆栽宜采用株型小的四季草莓。北京地区宜选择休眠期短、口感好、耐低温、早熟、高产、抗病、色泽好、果形整齐、果实大、畸形果比例小的品种。

3. **选用健康种苗**　种苗的质量是草莓优质、高产的基础，利用健壮种苗进行生产，可减少病虫害的发生，减少用药，从而减少畸形果的发生。为此，繁育种苗时应建立专门的育苗地，采用脱毒种苗作为母株，加强水肥管理并注重病虫害的防治工作，培育根系发达、新茎粗壮、叶片完整、无病虫害的种苗。

4. 田园清洁及棚室消毒　草莓定植前对整个棚室以及棚室周围进行全面清洁，包括清除杂草与植株残体、集中回收废弃物，减少生产环境中病虫来源。连续种植草莓的棚室要进行棚室表面和土壤消毒，一般使用生物熏蒸剂进行棚室表面消毒，杀灭残存病虫，减少病虫来源；土壤消毒可使用太阳能高温消毒、20％辣根素水乳剂土壤处理、石灰氮土壤消毒和氯化苦土壤消毒等方法，防止土传病害的传播。及时对草莓植株进行打老叶、病叶、无效叶、疏花、疏果等处理，清除室内病株、杂草、烂果等。

5. 棚室环境调控技术　利用设施栽培可以控制调节小气候的特点，在草莓生长时期以关、开风口和棉被等简单操作管理提高或降低设施内温湿度的调节手段，对有害生物营造短期的不适宜环境，达到延迟或抑制病虫害的发生与扩展的技术。

温室和大棚内的湿度过高，容易形成畸形果。棚室用无滴膜覆盖，采用高垄栽培、地膜覆盖、滴灌，便于浇水、施肥，既保持土壤水分，节约用水，又能降低空气湿度，减少病害的发生。浇水要小水勤浇，切不可大水漫灌。在保证适温的同时，合理通风是保持棚内适宜温湿度的有效措施。另外，草莓的定植密度不宜过大，以免影响植株过密影响通风透光，引起病害的发生。在连阴天或雾霾天气，可采用人工补光措施。

（二）物理防治

物理防治是指利用各种物理因子、人工和器械防治有害生物的植物保护措施。常用的方法有人工和简单机械捕杀、防虫网隔离、灯光诱杀、微波辐射等。

1. 防虫网隔离虫害　在棚室的风口处覆盖防虫网，可以有效阻止害虫进入棚室内为害。通常使用25～30目的防虫网。

2. 粘虫板诱杀　利用蚜虫、蓟马等害虫对颜色的趋性，悬挂黄色、蓝色粘虫板分别防治蚜虫和蓟马，诱捕成虫效果显著，操作简便。

北京地区扣棚膜后即可悬挂。一般每亩悬挂规格为 25 厘米×30 厘米的粘虫板 30 片或 25 厘米×20 厘米的粘虫板 40 片，黄板和蓝板间隔悬挂。悬挂高度一般在植株上方 10～15 厘米处。当发现板上虫量较多或因灰尘较多而黏性下降时，要及时进行更换。

3. 硫黄熏蒸防治白粉病　电热硫黄熏蒸器作用机理是采用电路控温均衡发热方式，通过加热使硫黄升华形成微小硫磺颗粒，均匀分布于相对密封的温室空间内，抑制空气中及植株表面白粉病菌的生长发育，并能在植株表面形成一层匀质保护膜，起到防止病菌侵入和杀灭作用，保护植株正常生长。利用硫黄电热熏蒸技术能有效控制白粉病的发生。每 100 米² 安装 1 台熏蒸器，悬挂于棚室中间距地面 1.5 米处，熏蒸器内盛 20 克含量 99％的硫黄粉，傍晚盖帘闭棚后开始加热熏蒸，隔日 1 次，每次 3～4 小时，注意硫黄粉不足时及时进行补充。为防止硫黄气体硬化棚膜，可在熏蒸器上方 1 米处设置一伞状废旧薄膜用于保护大棚膜。熏蒸器工作期间，操作和管理人员不宜留在温室，以免吸入有害物质而损害人体健康。

4. 银灰膜避害控害技术　利用蚜虫对银灰膜的忌避性，可使用银灰膜进行覆盖或在设施内悬挂银灰塑料条等驱避蚜虫。

5. 气味驱避　大蒜中含有天然的抗菌物质，对多种腐败细菌或真菌，如白粉病、霜霉病等有抑制作用，同时大蒜发出的刺激性气味，对害虫有一定的驱离作用。草莓行间每隔 5～10 米种植葱、蒜等作物 10～20 株，利用葱、蒜的气味驱避害虫。

（三）生物防治

生物防治是指利用有益生物及其产物控制有害生物种群数量的一种防治技术。

1. 捕食螨防治害螨　利用捕食螨对害螨的捕食作用，达到控制害螨的目的，是安全持效的防治措施。草莓上的害螨俗称红蜘蛛，主要为叶螨，包括二斑叶螨、朱砂叶螨和截形叶螨。目前生产中主要应用的捕食螨种类有智利小植绥螨、加州新小绥螨、胡瓜钝绥螨、斯氏钝绥螨。最常用的是智利小植绥螨和加州新小绥螨。

智利小植绥螨是属蛛形纲蜱螨目植绥螨科，是叶螨属的专性捕食天敌，具有捕食量大、繁殖力强、控制迅速等特点。对于防治二斑叶螨和朱砂叶螨特别适合，是最早被商业化生产的品种之一。如使用智利小植绥螨控制红蜘蛛，应在作物上刚发现有红蜘蛛时释放，释放量为每平方米3~6只，红蜘蛛发生严重时加大用量。使用时，瓶装的旋开瓶盖，从盖口的小孔将捕食螨连同基质轻轻撒放在草莓叶片上。

加州新小绥螨隶属于植绥螨科、新小绥螨属，是重要的商品化品种，广泛分布于阿根廷、智利、美国、日本、南非及欧洲南部和地中海沿岸，能有效地控制红蜘蛛或蓟马等害虫。其适宜的用量为每株草莓释放18只加州新小绥螨。

捕食螨送达后要立即释放，使用时在温暖、潮湿的环境中使用效果较好，而高温、干旱时释放效果较差。

2. **异色瓢虫防治蚜虫**　异色瓢虫原产于亚洲地区，昆虫纲，鞘翅目，瓢虫科。其成虫一般能活2个月左右，越冬成虫可活6~7个月。异色瓢虫是蚜虫的重要生物防治天敌，它的幼虫一天能吃40~50只蚜虫，成虫一天可以吃掉100多只蚜虫，1只异色瓢虫一生能捕食5 300多只蚜虫，是防治蚜虫的理想天敌昆虫。

使用方法分为预防和治疗两种。预防：蚜虫零星出现，在植株上直接悬挂卵卡，50~60张/亩，每张卵卡20头卵，将卵卡悬挂在不被阳光直射的叶柄处，避免阳光直射。因刚孵化出的幼虫爬行能力弱，因此一定注意将异色瓢虫卵卡悬挂在已经发生蚜虫的植株上。卵在孵化时需要一定的温度和湿度，因此可采用先在房屋内孵化后直接悬挂在植株上，效果更佳。治疗：以直接释放幼虫或成虫为主，直接释放在蚜虫发生严重的区域，每平方米2~4头。

3. **生物农药的应用**　生物农药主要指以动物、植物、微生物本身或者它们产生的物质为主要原料加工而成的农药。因矿物源农药对人畜毒性较低、对环境友好，常将其也列入生物农药范畴。

微生物农药的活性与温度直接相关，使用环境的适宜温度应当在15℃以上，30℃以下。环境湿度越大，药效越明显，粉状微生物农药更是如此。最好选择阴天或傍晚施药。

使用植物源农药，以预防为主，病虫害危害严重时，应当首先使用化学农药尽快降低病虫害的数量，控制蔓延趋势，再配合使用植物源农药，实行综合治理。

矿物源农药使用时注意混匀后再喷施，最好采用二次稀释法稀释。喷雾时均匀周到，确保草莓完全着药，以保证效果。不要随意与其他农药混用以免破坏乳化性能，影响药效，甚至产生药害。

蛋白类、寡聚糖类农药为植物诱抗剂，本身对病菌无杀灭作用，但能够诱导植物自身对外来有害生物侵害产生反应，提高免疫力，产生抗性。应在病害发生前或发生初期使用，病害较重时应选择治疗性杀菌剂对症防治。药液现用现配，不能长时间储存。此类药剂无内吸性，注意喷雾均匀。

（1）寡雄腐霉　寡雄腐霉为一种广谱型微生物杀菌剂，能抑制或杀死其他致病腐霉和土传病原菌，并能诱导植物产生系统抗性。在草莓上的使用方法主要有蘸根、滴灌、叶面喷施等方式。

蘸根：草莓种苗定植前放在配置好的寡雄腐霉750～1 000倍液中浸泡1～2分钟，然后取出移栽，对草莓红中柱根腐病等有很好的防治效果。

滴灌：草莓缓苗后即可使用寡雄腐霉通过滴灌系统滴入，每亩用量10～15克。

叶面喷施：叶面喷施寡雄腐霉3 000～6 000倍液，间隔15～20天1次，连续喷施可有效预防各类真菌病害的发生。

（2）蛇床子素　1‰蛇床子素水乳剂400～500倍液喷雾，间隔7天施药1次，连续喷药2～3次，防治草莓白粉病具有较好效果。

（3）除虫菊素　除虫菊素防治蚜虫效果较好。蚜虫发生初期，稀释600倍进行叶面喷施；发生盛期，可将稀释倍数变为400倍；种群数量大时，可连续施药3次，每次间隔3～7天。叶片正、背面及茎秆需均匀着药，以便药液能够充分接触到虫体。选用雾化效果较好的施药器械，如常温烟雾机、弥雾机等，可确保隐蔽处也可着药。

使用除虫菊素应注意不能与石硫合剂、波尔多液、松脂合剂等碱性农药混用；见光易分解，喷洒时间最好选在傍晚进行。触杀性药剂，喷雾必须均匀，且不留死角。

(4) 矿物油 矿物油主要防治草莓蚜虫、红蜘蛛及蓟马等虫害，作用机理为油膜覆盖气门，导致昆虫憋气而死。在虫害未发生或发生初期时使用效果好，使用99%矿物油乳油200～300倍液进行喷雾，使用中注意矿物油属于油水快速分离型，因此需常进行搅拌，最好单独使用。如之前使用了硫黄制剂，间隔10天之后才能使用矿物油，使用铜制剂间隔至少7天。

（四）化学防治

草莓病虫害绿色防控推广高效、低毒、低残留、环境友好型农药，优化集成农药的轮换使用、交替使用、精准使用和安全使用等配套技术，加强农药抗药性监测和治理，严格遵守农药安全使用间隔期。通过合理使用农药，达到减少农药使用量、提高农药利用率的目的。

七、辅助授粉技术

冬季日光温室内温度低、湿度大、日照短，极易造成畸形果。授粉对于提高草莓果实的商品率，减少无效果比例，降低畸形果数量是十分必要的。

目前生产上推广使用蜜蜂辅助授粉技术。一般每亩的日光温室放置1～2箱蜜蜂，保证1株草莓有1只以上的蜜蜂。蜂箱应该在草莓开花前一周放入温室内，以使蜜蜂能更好地适应温室内的环境。蜂箱可放在温室的西南角，箱口向着东北角，避免蜜蜂飞撞到墙壁或棚膜上。蜜蜂在气温5～35℃出巢活动，生活最适温度为15～25℃，蜜蜂活动的温度与草莓花药裂开的最适温度（13～20℃）相一致。气温长期在10℃以下时，蜜蜂减少或停止出巢活动，要创造蜜蜂授粉的良好环境，温度不能太低。气温超过30℃时，或室内湿度太大时，白天温室内要注意防风排湿，放风口要增设纱网，以防蜜蜂飞出。需要进行药剂防治的时候，要注意密封蜂箱口，最好将蜂箱暂时搬到别处，以免农药对蜜蜂产生伤害。

日光温室内放养蜜蜂的技术性很强，如不能正确放养，不但达不到应有的目的，还会造成蜂群变弱死亡。为此，要加强对授粉蜜蜂的护理，放蜂时要注意以下几点：

一是保温。由于日光温室内昼夜温差太大，不利于蜜蜂的繁殖，因此，蜂箱应离地面 30 厘米以上，并用棉被等保温材料将蜂箱包好保温。这种蜂箱内的温度变化不大，有利于蜜蜂繁殖并提高工蜂采集花粉的积极性，从而提高草莓的授粉的可能性。

二是喂水。为了保证蜂王产卵、工蜂育儿的积极性，必须适当喂水。为防止蜜蜂落水淹死，给蜜蜂喂水的小水槽里应放些漂浮物，如玉米秸秆等。

三是喂蜜。喂水的同时要检查箱内的饲料，当发现缺蜜时要及时用 1 千克蜜兑 100～200 克温水搅匀后饲喂或者选择白砂糖与清水以 1∶1 的比例熬制，待水温冷却到 40 ℃后饲喂，水分不能太多，防止蜜蜂生病。饲喂时为防止蜜蜂落入淹死，蜜（糖）水上也要放置漂浮物。

四是饲喂花粉。花粉是蜜蜂饲料中的蛋白质、维生素和矿物质的主要来源，温室内草莓的花粉一般不能满足蜂群的需要，应及时补充饲喂，否则，群内幼虫孵化将受到影响，个体数量不能得到及时补充，授粉中后期蜂群群势就会迅速衰退，导致授粉期缩短，直接影响草莓授粉效果。饲喂花粉宜采用喂花粉饼的办法。选择无污染、无霉变的花粉作原料，不使用来源不明的花粉。花粉饼制法：首先应对花粉进行消毒处理，用 75％酒精均匀喷洒，然后让酒精自然挥发，装入洁净盆中晾干待用，再把蜂蜜加热至 70 ℃并趁热倒入花粉盆内，蜜、粉按 3∶5 的比例混合搅匀，静置 12 小时后，再进行搅拌，让花粉团散开，揉成饼即成，花粉饼的软硬以放在蜂箱上不坠为度，越软越有利于蜜蜂取食。每 10～15 天喂 1 次，直至棚室草莓授粉结束为止。

注意经常查看蜂箱内蜜蜂存活状况，如存活较少，需要及时补充或更换蜂箱。

八、疏花疏果技术

草莓花序为聚伞花序或多歧聚伞花序,每株草莓一般有两个花序,每个花序着生 6～30 朵花,花序上先开的花结果个头大、成熟早;后期开的花往往不能坐果而成为无效花,这些花即便能坐果,也由于个小而无商品价值,甚至成为畸形果。果实大小依级次升高而递减,即一级序果大,一般四级以上序果商品价值不大。假设顶果重为 100 克,那么第二果则为 80 克,第三果为 47 克,第四果为 32 克。

同一花序的果实相互争夺养分和水分,因此,及时疏除花序上高级次的花蕾和畸形果,可促进果实膨大。

(一)疏花

疏花宜在花蕾分离期,最晚不能晚于第一朵花开放,要把高级次的晚弱花蕾以及无效花疏除。如果出现花头发黑,也要疏除,此种多因授粉不良,容易长成畸形果。疏花可减少养分消耗,促使养分集中供应先开的花蕾,使果个大、整齐、成熟早,成熟集中。

(二)疏果

疏果在幼果的青色时期进行,即疏去畸形果、病虫果及果柄细弱的瘦小果。每株草莓留果个数与草莓品种、定植密度、土壤肥力等因素有关。种植中晚熟品种及土壤肥力较高、植株生长旺盛的地块,可适当多留;种植早熟品种及土壤肥力低的地块,可适当少留。疏花疏果还要考虑草莓的销售方式,作为礼品销售的果实要求大一些,可以多疏果;电商销售的果实,有平台统一的标准要求,部分过大的果不符合要求,因此在疏花疏果时要适当调整;销售给蛋糕店的果实,通常要求 15 克左右的小果,可以尽量少疏果;采摘的果实对大小要求不严格,可以实行轻简化管理,少疏果或不疏果。

疏花疏果应当以少量多次为原则,分几次逐步疏除,同时尽量保证尽早疏除,以免白白消耗营养。

（三）疏除花序

结果后的花序要及时清除，以促进新的花序抽生，为草莓正常发育改善营养条件和光照条件。每次疏花疏果后，要将花蕾、花、畸形果和无果花序集中运出园外处理。

九、畸形果预防技术

（一）畸形果形成的原因

畸形果一般是指因受精不完全而产生的形状不正的果实。此外，还有果形似鸡冠的果实，果实扁平如扇状的带果，这两种果实习惯上被称为乱形果，乱形果有时被纳入畸形果中，但要与一般意义上的畸形果区别开。鸡冠果易发生于植株营养条件良好的第一级序果，在开花时花托部分变得宽大，早期即可预测为鸡冠果。果柄的宽大是带果的特征，这可能是2个或者3个果柄连生在一起所致。

造成草莓果实畸形的因素很多，主要与品种遗传型、花在花序上的位置、雄蕊和雌蕊的数量和质量以及种子数量与分布有关。秋冬季低温和霜冻、秋季定植过早、春季晚霜危害、光照不足、缺乏硼锌等微量元素、灌水量不足、病虫危害及农药使用不当等，均会导致果实畸形。

1. **花的发育** 据调查，在一个花序中不同级次花的雌雄器官发育质量不同，一般低级次花雄蕊分化质量差，易出现雄性不稔，高级次花雌蕊分化质量差，易出现雌性不稔，但前者只要有良好的花粉授粉就可正常发育，而后者却不能坐果或坐果不良。一般一级序花正常果可达90%以上，畸形果只有5%左右，不坐果的很少；二级序花一般正常果为80%～90%，畸形果占5%～15%，不坐果的占5%左右；三级序花正常果一般仅有60%～70%，畸形果和不坐果的各占15%～20%。

同一花序不同级次花的花粉活力也有变化。具有发芽力的花粉为稔性花粉，而不能发芽的花粉为不稔花粉，品种间花粉稔性存在着差异。花粉稔性与亲缘关系有关，还受到环境因素的影响，低温、少日照会使稔性降低。同时,高序位花的雌蕊数和果实的种子数也较少,雌蕊发育不充分可导致果实畸形。

2. **种子数量和分布** 草莓是花托构成果实的可食部分(假果),而种子(瘦果)呈螺旋状分布在果实表面。如果种子分布均匀,即使发育好的种子数量少也可长出正常的果形。但是,如果种子分布不匀,需要70%～80%雌蕊充分受精,才能保证果形正常。种子发育也影响果实的大小。高序位果一般都较小,这与高序位花几乎无种子有一定关系。

3. **定植方式与时间** 露地栽培的草莓,秋冬季的低温和霜冻可能伤害发育着的花序,受冻的花序在春季就很难从新茎中抽出。采用日光温室和塑料大棚进行反季节生产草莓,低温量不足也会导致雄蕊和花粉质量降低,畸形果明显增加。因此,必须根据品种的需冷要求满足其需冷量,才可使畸形果降至最低限度。

秋季定植早晚与草莓畸形果的发生也有密切关系。如定植太早,植株正处于花芽分化的不稳定期,移栽断根容易引起畸形果,影响产量和品质。而适期定植的断根不会影响草莓花芽分化。如果定植过迟,应加强水肥管理,促进成活。春季霜害是果实发育不良、出现畸形果的主要原因。雌蕊和雄蕊均可能受霜冻危害,导致畸形果;如果全部雌蕊受冻,果实就会终止发育。

4. **环境条件** 草莓具有很强的耐高温性,40 ℃时没有受害表现,短时间处在45 ℃以上的温度条件下,高温对畸形果发生的影响不大。低温对畸形果的影响比高温明显得多,开花前的花器即使遭受短时间的低温也极易形成伤害,发生畸形果。0 ℃以下的低温易使花粉发芽受阻,且影响昆虫活动,易产生畸形果。一般而言,较高温度有利于授粉,可减少畸形果比率。

不适合的湿度条件也是造成畸形果的原因之一。在促成栽培条件下,如果温室或大棚密闭,内部湿度过高,花药的开裂就会受到抑制,花粉不易飞散,畸形果增加,因此,应注意棚室内的通风换气。

在花期遇雨、风沙等情况下,均会产生畸形果。

5. **营养与水分供应** 营养状况全年都影响果实品质和果形。缺硼时可能导致雄蕊发育不充分，而使得果实出现畸形。磷和钙能改善雄蕊的质量。缺锌和锌毒害均能造成果实发育不良并减产。草莓对肥料需要量大，对肥料也很敏感，但如果基肥施用量过大，特别是现蕾至开花期过量追施尿素等氮素肥料，就会促使草莓营养生长过于旺盛，分化的花芽中，壮芽少、弱芽多，由于营养要素失去平衡，致使浆果发育差，畸形果多。氮肥过多也是造成草莓早期乱形果的原因之一。

土壤水分的多少与畸形果发生也有一定关系，一方面灌水次数多，灌水量大，温室内湿度增加，畸形果增加；另一方面，土壤过度干燥又是引起畸形果比例大幅度提高的重要原因；适时、适度浇水，畸形果比例减少。草莓在不同生育期对水的需求不同，定植时需要浇足水，开花、坐果时则需要更多的水，如果此时水分不足，就会引起花器发育不良，授粉受精不完全，导致果实不能均匀膨大，畸形果量显著增加。

6. **病虫的侵害** 病虫会危害草莓的生长。被病毒侵染的草莓植株生长缓慢、矮小，叶片皱缩，果实小、畸形，品质劣，口感差，产量下降。被螨类侵害的幼果，表面呈黄褐色，粗糙，果实僵硬，膨大后表皮龟裂，种子裸露。蓟马取食危害草莓花蕊、花瓣，可造成授粉不良，果实畸形；严重时花蕊变黑褐色，花蕾枯萎不能结果。

7. **辅助授粉不利** 蜜蜂是草莓的重要传粉媒介，为草莓授粉既可增加其果重，又可降低畸形果比例。在试验条件下，未用昆虫授粉的草莓畸形果率增加。温室环境条件不适宜蜜蜂活动，药剂不当使用造成的蜜蜂生活力下降或死亡，以及饲喂保护不到位等，都直接影响蜜蜂辅助授粉的质量，授粉不利造成畸形果率增加。

8. **农药的使用** 施药时期不当会增加草莓畸形果的发生率。如果在开花坐果期喷药，给花粉发芽和蜜蜂活动带来不利的影响，伤害花或幼果，会增加畸形果的比例。农药的种类也影响畸形果发生率。

（二）畸形果的预防技术

草莓果实发育是个长期过程。不同品种的畸形果比率不同。即使同一品种，从秋季植株花芽分化开始，到夏季果实完全采收为止，在整个发育阶段中的任何一个时期，花器官受到危害均会导致果实发育畸形。生产实践表明，草莓出现畸形果的原因是非常复杂的，需结合生产实际进一步深入研究。为提高生产效益，必须确定导致果实畸形的主要因素，以便采取措施，防止或减少畸形果的出现。

1. **选择适宜品种** 草莓畸形果发生的主要原因是授粉受精不完全，因此，在促成栽培中最好选用花粉稔性高、花粉量多的品种，如果所选的品种花粉稔性低，栽植时混植花粉量多的品种是一项行之有效的措施。一个主栽品种可配置2～3个授粉品种。授粉品种的种植面积应占主栽品种的1/10～1/8，主栽品种和授粉品种相距一般不宜超过20～30米。

2. **培育健壮种苗** 种苗的质量是草莓高产、高效生产的基础，利用健壮种苗进行生产，可减少病虫害的发生，减少用药，从而减少畸形果的发生。为此，繁育草莓种苗时，应建立专用育苗圃，采用脱毒苗作母株，加强水肥管理并注重病虫害的防治工作，培育根系发达、新茎粗壮、叶片完整、无病虫害的种苗。

促进花芽分化也是有效增加草莓产量、保证果实质量、减少畸形果发生的重要措施。为了草莓提早花芽分化，可采用假植育苗、控制氮肥施用、遮光育苗、营养钵育苗、山地育苗、夜冷育苗、冷藏育苗等育苗促花技术。

3. **调控棚室内环境条件** 草莓栽培时，白天温度以25℃为宜，夜间最好在5℃以上。在冬季严寒地区棚室温度不能满足草莓生长时，可采取增温措施，在保温被或草苫下，增加纸被或无纺布，增强保温效果，还可同时在草莓畦上搭建小拱棚，能使小拱棚内的温度提高3～4℃。有条件的地方可在棚内安装电炉或电热线等加温设施，增温效果更好。

温室和大棚内的湿度过高，畸形果发生率高。棚室用无滴膜覆盖，采用高垄栽培、地膜覆盖、滴灌，便于浇水、施肥，既保持土壤水分，节约用水，又可降低空气湿度，减少病害发生；浇水时要小水勤浇，切不可大水漫灌，最好采用滴灌。在保证适温的同时，合理通风是保持棚内适宜的温湿度的有效措施。草莓的栽植密度不宜过大，以免植株过密影响通风透光，引起病害的发生。

4. 疏花疏果 草莓花序为聚伞花序或多歧聚伞花序，疏除高级次的无效花蕾，可明显降低草莓畸形果率，且有利于集中养分，提高单果重及果实品质。一般在花蕾分离期便于疏除时进行，最迟不应晚于第一朵花开放。同时，应注意摘除形状十分异常的畸形幼果；及时摘除匍匐茎，经常疏除老叶、弱花序和结果后花序，为草莓正常生育改善营养条件和光照条件。

5. 辅助授粉 蜜蜂生活的最适温度为 15~25 ℃，与草莓花药裂开的最适温度（13~20 ℃）相一致。气温长期在 10 ℃以下时，蜜蜂减少或停止出巢活动，当温度高于 32 ℃时，蜜蜂活动会减弱，因此要注意温室和大棚内的温度调节。如果没有蜜蜂授粉，开花期间可用毛笔进行人工授粉。关注蜜蜂的蜂群动态，及时饲喂，蜜蜂蜂群减少影响授粉效果时，注意补充。

6. 合理用药 农药喷施时期不当或用药量大，都将加重畸形果的发生，为了降低畸形果率，提升果实品质，保证果品安全，草莓生产中应加强病虫害的预防工作，采用以农业防治为主的综合措施，尽量不用药或少用药。若病虫害较严重，则应注意在花前或花后用药。草莓一旦进入开花期，花期将持续一段时间，因此，要在开花前彻底根除病虫害，如果花期必须用药，应尽量选择开花数较少的时期，用药害较小的药剂，优先选择粉尘法或烟熏法；如果必须在果期用药，应先摘果，后施药。用药前将蜂箱移出棚室，喷药后 1 周左右再移回来。

7. 合理施肥 首先是了解草莓园区土壤的肥力状况，取土测定土壤有机质和氮、磷、钾、铁、钙等元素的含量，测定土壤 pH 和 EC 值。摸清土壤基本状况后，制订施肥计划。要科学配方施肥，做到有机肥与无机肥施用相结合，并做到适氮重磷、钾，遵循少量多次的原则。在草莓生长过程中，要经常观察草莓的长势，根据实际情况及时补充微量元素。

（三）常见畸形果种类

乱形果：顶端产生鸡冠果或双子果为乱形果。其原因是：氮素施用过多或缺硼,生长点中植物生长素含量高,花芽分化前生长点呈带状扩大,花芽分化时两朵花或两朵以上的花同时分化,现蕾时伸出2~3枝花梗同时开放,就形成鸡冠果或双子果等。防治方法:适当控制氮素营养,增施硼肥,特别在花芽分化前30天左右,不宜追施氮素肥料。

不受精畸形果:部分果面上没有受精发育的种子,其周围的果肉不膨大,果面凹陷成畸形果或凹凸果。发生原因:35℃以上的高温或0℃以下的低温使花粉发芽受阻,且授粉不良。此外,花期喷药不适当,有些农药对花粉发育也有影响。防治方法:开花期防高温和低温,使温度控制在白天23~25℃,夜间5℃以上。同时控制棚内湿度。放养蜜蜂传粉,花期尽量少喷洒农药,若喷洒农药,应选择对蜜蜂无毒或毒性小的农药种类。

顶端软质果:果实顶端不着色,呈透明状。大棚草莓12月至翌年2月最易发生。发生原因:田间的光照条件差、湿度大、结果期低温等环境条件都会造成顶端软质果。防治方法:适宜合理密植,经常摘除老叶和疏除腋芽,保持良好的光照条件;结果期白天温度保持在23~25℃,夜间5℃以上;注意控制土壤水分和棚内温度。

青顶果:青顶果是下部成熟变红,而上部尖端未成熟,仍然发青的草莓果实。青顶果的发生,降低了果实品质,推迟采摘期,影响上市。草莓植株出现旺长趋势,枝叶繁密,再遇持续的阴天,光照不足,容易发生青顶果现象。因此,在管理上要防止草莓植株徒长,及时摘除老化枝叶,促使植株通风透光,同时在保持温室内温度的情况下,尽量早揭晚盖棉被,延长光照时间,防止青顶果的发生。

种子浮出果:草莓的种子大部分凸出浆果表面,且果形偏小。发生的原因:浆果发育过程中,遇高温干旱,生长发育受抑制,果形变小;从青果期至果实着色前,由于土壤缺水,浆果不能充分膨大。防治方法:合理密植,促进根系发育;高温干旱及时补水;开花结果多的及时疏除一些弱势花蕾。

十、适时采收技术

草莓果实成熟通常分为四个阶段，即绿熟期、白熟期、转色期和红熟期。在绿熟期和白熟期之间，草莓果实开始软化，并且随着色泽的变化继续软化。适时采收不仅可以保证草莓的品质、延长货架期，还能保证草莓的持续正常生长。延迟采收，草莓过熟，果实中维生素 C 含量减少，还易引起灰霉病的发生。

（一）草莓成熟度的确定

确定草莓采收成熟度的最重要指标是果面着色程度，也就是着色面积。草莓果实在成熟过程中果皮红色由浅变深，着色范围由小变大。生产上可以以此作为确定采收成熟度的标准，分别在果面着色达 70％、80％、90％时采收。果实着色首先从受光一面开始，而后是侧面，随后背光一面也着色，有些品种背光一面不易着色。直至果肉内部也着色，即完成成熟过程。此外，还可通过观察果实硬度确定草莓采收时期，果实成熟时浆果由硬变软，并散发出诱人的草莓香气，表明果实已完全成熟，采收应在果实刚变软时进行。

果实的生长天数也可作为确定采收时期的参考指标，但由于草莓果实成熟天数是以积温计算的，不同采收时期气温不同，果实成熟所需天数也不同，因此生产上较难用果实生长天数作为采收指标。

另外，果实内部化学成分也随着果实的发育、成熟逐渐发生着变化。果实在绿色和白色时没有花青素，果实开始着色后，花青素急剧增加；随着果实的成熟，含糖量增加，而含酸量减少；草莓中维生素 C 的含量较高，每 100 克约含 80 毫克，但未成熟的果实中维生素 C 含量较少，随着果实的成熟含量增高，安全成熟时含量最高，而过熟的果实中维生素 C 的含量又减少了。

（二）草莓采收期的确定

草莓适宜的采收期要依据品种性状、温度环境、果实用途等因素综合考虑。

1. 根据品种特性确定采收期 欧美品种与日系品种相比，果实一般偏硬，多属硬肉果型品种，最好在果实接近全红时采收，才能达到该品种应有的品质和风味。

2. 根据温度环境确定采收期 草莓开花至成熟所需的天数，温度起到主要决定作用。温度高，所需时间短，反之则时间长。在促成栽培条件下，10月中下旬开花的，大约30天成熟；12月上旬开花的，果实发育期较长，约需50天；5月开花的，成熟天数只需25天。对于促成栽培的草莓，由于其大部分果实的采收期在寒冷的冬季，12月至翌年3月中下旬，可在八分熟时采收，4月以后温度明显上升，成熟速度加快，可在7分熟时采收。

3. 根据果实用途确定采收期 鲜食果以出售鲜果为目的，草莓的成熟度以九成为好，即以果面着色达90％以上。供加工果汁、果酒、饮料、果酱和果冻的，要求果实成熟时采收，以提高果实的糖分和香味；制作罐头的草莓，要求果实大小一致，在八成熟时采收。远距离运输的果实，在七分熟时采收；就近销售的，可完熟时采收，但不能过熟。

（三）草莓的采收方法

1. 采收前准备 草莓采收前浇水可增重5％～10％，但因其吸水量大，会使表皮组织弹性减小，易破裂损伤而造成腐烂。另外，采前浇水易造成地温低，不利于着色，病害严重。因此，通常采收前1～2天尽量避免浇水，或可少量给水。

2. 采收适宜时间 由于草莓的一个果穗中各级果序果实的成熟期不一致，必须分批、分期采收。采收初期每隔1～2天采收1次，盛果期要每天采收1次。草莓采收必须及时进行，否则不仅会使采收的果实过熟腐烂，还会影响其他未成熟果实的膨大成熟。采摘最好在晴天进行。当天采收草莓应尽可能在清晨露水已干至午间高温来临之前或傍晚天气转凉时进行，避免在中午采收。

3. 采收操作方法 草莓浆果的果皮薄、果肉柔软，极易机械碰伤，采摘时不要硬拉，以免拉下果序和碰伤果皮，影响草莓产量和果实品质。采收时必须轻拿、轻摘、轻放，将手形成空心，尽量不挤压果实，用拇指和食指拿住果柄，在距果实萼片 1 厘米处折断，使果实带有一小段果柄，以方便消费者食用。此时注意不要翻动果实，以免碰伤果皮。每次采摘，要把达到成熟标准的果实全部采完，以免延至下次采收而导致过熟腐烂，影响下茬果的营养吸收与果实膨大。果实采收后应立即置于阴凉通风处，并分级包装。

　　4. 采收容器的选择　采收时为减少果实堆压损伤，应利用洁净、无毒的容器，容器的内壁要光滑、底平、深度较浅，可用小塑料盆、搪瓷盆等，尽量避免使用水桶、洗脸盆、箩筐等过深的容器，因为底部过深，由于重力作用易使下部的果实受压而损伤。果实装满后，用纸箱或塑料箱，箱内垫放柔软物。采收时最好边采收边分级，并分开放，避免装盒时二次损伤。对畸形果、过熟果、烂果、病虫果、碰伤果，应单独处理，不可混装。装满草莓的果盘可套入聚乙烯薄膜袋中密封，及时送冷库冷藏。

十一、草莓套种技术

　　草莓套种技术的有效应用，不仅可以丰富作物种类，增加复种指数，提高经济收入，选择恰当的作物种类，更能提高草莓棚室的土壤养分含量，降低草莓棚室病虫害发病率，对草莓苗的生长以及果实的营养成分起到促进作用。

　　草莓套种遵循不同科属作物、无共同病虫害、互相影响较小的原则。

（一）草莓套种洋葱

　　洋葱对害虫具有一定的驱避作用，与草莓是伴侣植物。

　　草莓套种洋葱一般选择早熟、耐抽薹、口感甜脆、抗病性强的品种，如紫冠玉葱、中生赤玉、红秀丸等。草莓套种洋葱一般选择育苗移栽方法，洋葱 2 月底到 3 月初，苗高 20 厘米左右，即可定植。将健壮的洋葱苗定植在草莓畦面中间，单行，株距 20～25 厘米，每个温室（50 米×8 米）可定植 1 300～1 500 株。定植后浇足定植水，之后以草莓管理为主。定植后 90 天左右即可采收。洋葱鳞茎成熟的标志是约 2/3 的植株假茎松软，地上部倒伏，基部 1～2 片叶枯黄，第三、四叶尚带绿色，鳞茎外层鳞片变干，即可根据需要适时进行采收。每个温室可产洋葱 500 千克，增收 2 000 元。

（二）草莓套种水果玉米

套种水果玉米应选择开花早、生育期短、植株高度较矮的品种，如美珍 204、美珍 206、中甜 488 等品种。水果玉米 2 月下旬直播或 3 月初移栽均可。定植在草莓畦面中央，单行，株距 30 厘米，可每畦定植也可隔行定植。每个温室（50 米×8 米）定植 900～1 200 株。全生育期 81 天左右，授粉后 18～20 天采收为最佳成熟期，即从 5 月底至 6 月底均可采收，此时籽粒含水量 72%。亦可在果穗籽粒略转色或花丝转黑色时及时采收，采收后 8 小时内口感无明显下降。每个温室可采收果穗 900 个以上，以采摘形式销售可获得 3 000 元的经济效益。采收结束后可直接将秸秆粉碎入田，提高土壤有机质含量和地温，有利于循环农业的发展。

草莓套种玉米由于与草莓植株有 50 天左右的共生期，易受蚜虫、红蜘蛛、白粉病等草莓病虫危害，要及时防治。

（三）草莓套种水果苤蓝

套种水果苤蓝应选择采收期较长、病虫害少的品种，如克沙克、克利普利等品种，克沙克水果苤蓝表现较为突出，更适宜与草莓进行套种。克沙克水果苤蓝具有晚熟、抗性强、特高产等特点。球茎光滑，平均球重 500～750 克，最大可达 5 千克。甜脆爽口，不易糠心，不易木质化，可长期贮藏。套种水果苤蓝，优势在于可以充分利用空间，增加复种指数，增加单位面积产值。在草莓种植管理的过程中，使用的高钾肥料正好可以满足水果苤蓝的需求，增加水果苤蓝的甜度，改善口感。水果苤蓝作为一种特色蔬菜，采摘期也较长，从第一年的 12 月可一直持续采摘到第二年的 3 月。

草莓套种水果苤蓝采用育苗播种的形式，主要在棚室的前脚进行套种。8 月中旬进行育苗，9 月中旬移栽，株距 40 厘米，每个温室（50 米×8 米）的前脚可定植 240～300 株。移栽后 60～90 天即可开始成熟收获。每个温室可采摘 400～600 千克，增收 1 200 元。

套种水果苤蓝很少发生病害，常见虫害有蚜虫和甘蓝夜蛾，注意做好防治。

（四）草莓套种小型西瓜

草莓套种小型西瓜宜选择生育期短、抗病品种，如超越梦想、京秀等小型西瓜。套种时间一般以 3 月上中旬为宜。西瓜播种育苗后采用单行定植的方式，定植在草莓畦的中间，株距 40～45 厘米。定植后浇一次定根水。之后与草莓管理一致。小型西瓜通常采单蔓整枝，当瓜秧高度约 30 厘米时，进行吊蔓。小型西瓜需要蜜蜂授粉或人工授粉。授粉时间一般选择上午 8～10 时进行。为防止西瓜过重坠落，通常在西瓜幼果长到 0.5 千克左右时，开始吊瓜。使用网袋套住西瓜，用绳子固定在架上即可。授粉后 28～36 天，即可根据西瓜的成熟程度，进行采收。每个温室可采摘商品瓜 600～700 千克，增收 6 000 元。

草莓也可与薄皮甜瓜进行套种。

（五）草莓套种豇豆

豇豆于 3 月初套种于草莓垄中央，播种前选择粒大、饱满、有光泽、无病虫害的种子，点播，穴距 35 厘米，每穴点种子 3～4 粒。出苗后开始吊绳。豇豆达 6～7 片真叶时进行第一次打顶，保留 2～3 个分枝，分枝长度达 1.5 米时进行第二次打顶，第三次分枝出现 2～3 个花芽时摘心。通过摘心，摘除大部分老叶、病叶及无花序的枝条，以利于通风透光，减少养分消耗。豇豆开花至采收掌握在 20 天左右，此时的商品性、品质均最佳。

草莓也可与荷兰豆、豌豆等豆类植物进行套种。

第五章
草莓1月管理技术

一、1月北京地区气候

北京市最低气温常出现在1月，可以说开始进入了最寒冷的季节。常年平均气温为−5℃，最高气温平均为1.1℃，最低气温平均为−9.9℃。1月的累积日照时数为190.4小时，平均每日为6.1小时，日出至日落的时长为9.5～10小时。平均降水量为2.3毫米，最大降水量出现在1973年，过程降水为18.5毫米。空气相对湿度平均为45.2%，最低平均为25.7%。

1月的气温低、日照时间短、湿度大，容易导致草莓生长受阻，表现为草莓叶片小、生长缓慢、开花坐果推迟，易发生病虫害。因此，在管理上应以提高温度、延长光照时间、降低温室内湿度为主要目标进行综合管理，加强棚室的保温、增温，并通过人工补光来延长光照以满足草莓的生长需求。密切关注降雪情况，注意雪天温湿度调控、保温被收放和雪后骤晴的棚室管理。合理使用水肥，保证草莓有充分的养分供应。

二、草莓果品生产的田间管理

(一) 温湿度管理

1月大部分草莓果实已经成熟开始采摘，草莓茎叶生长和开花坐果同时进行，因此，该阶段是温室草莓管理较为困难、关键的时期。

白天温度控制为 18～25 ℃，夜间 6～8 ℃，如果湿度过大，中午要进行通风，空气湿度保持 60% 以下，但要注意降湿应以先保温为原则。通风换气具体的方法是调整风口大小，早晨卷起棉被后不要急于放风，等温度逐步上升后再打开风口，最好将温室内的温度稳定在 22～25 ℃，尽可能维持较长时间的适宜光合作用的温度，一般在温度超过 28 ℃时打开风口进行放风降温；下午温度降低到 20 ℃时要逐渐关闭风口，保持温室内温度。阴天时，即使温室内温度低，在中午 11 时左右也要打开风口进行放风，一般放 30～40 分钟，以利于气体交换，不要为了保温而一直保持温室内密闭。

在草莓栽培过程中，如果遇到大幅度的降温天气，同时棚内保温措施做得不及时或不到位，加之有些品种抗寒性差，极易发生冷害甚至冻害。冷害会抑制叶绿素的合成，花期出现冷害，会造成授粉不良，导致无果或者畸形果。发生冻害是不可逆的，绿色叶片受冻后呈片状干卷枯死，花瓣常出现紫红色，花蕊和柱头受冻后柱头向上隆起干缩，花蕊变黑褐死亡，幼果停止发育干枯僵死。因此，1月还需密切关注天气变化，加强温度管理，避免冷害冻害的发生。

（二）水肥管理

1月草莓开始成熟，进入采摘期，此时的水肥管理非常重要，若灌水量大，则果实的品质变劣，若灌水量小，则草莓植株生长受阻，不利于草莓生长。在水肥管理上首先注意连阴天或雨雪天气，连阴天或者雨雪天气光照条件差，此时叶片蒸腾减弱，根系吸收水分减少。因此，此时应该减少灌溉量和灌溉次数，保持基质半湿润状态。关注 1 周的天气形势预报，然后决定何时浇水施肥。施肥浇水的最佳时间在上午 9～11 时进行，要避免下午浇水，以防降低地温。也可以前一天将水灌在温室的施肥桶中，提高水的温度，减少因为水温度低而降低土壤温度的现象，影响根系生长。每次浇水最好随水追施肥料，一般每亩施用氮磷钾比例为 16：8：34 或 19：8：27 的高钾复合肥 3～5 千克，7 天左右施用 1 次。也可根据情况用 0.2％的磷酸二氢钾进行根外追肥。10～15 天喷施 1 次 0.1％硝酸钙或 0.1％糖醇螯合钙水溶液等钙肥，提高果实硬度和甜度，促进果实着色，提高草莓耐低温能力。叶面定期喷施磷酸二氢钾、植物激活蛋白等叶面肥，主要喷施到叶片背面，吸收较好。

（三）病虫害防治

1. **灰霉病**　灰霉病菌喜温暖潮湿的环境，发病最适气候条件为温度 18～25 ℃，相对湿度 90％以上，气温在 2 ℃以下、31 ℃以上或空气干燥时发病较轻或不发病。因此，1 月主要防治的病害为灰霉病。

对浙江建德大棚草莓的调查试验结果表明，草莓灰霉病为系统性侵染病害，叶片、花序和果实均可发病，发病率分别为 4.5％、3.7％和 21.1％，以果实侵染危害重。发病多从花期开始，病菌最初从将开败的花或较衰弱的部位侵染，使花呈浅褐色坏死腐烂，产生灰色霉层。叶多从基部老黄叶边缘侵入，形成 V 形黄褐色斑，或沿花瓣掉落的部位侵染，形成近圆形坏死斑，其上有不甚明显的轮纹，上生较稀疏灰霉。果实染病多从残留的花瓣或靠近或接触地面的部位开始，也可从早期与病残组织接触的部位侵入，初呈水渍状灰褐色坏死，随后颜色变深，果实腐烂，表面产生浓密的灰色霉层。叶柄发病，呈浅褐色坏死、干缩，其上产生稀疏灰霉。

灰霉病的发生还与栽培品种和管理措施等有密切关系。不同品种间的抗病性差异较明显，一般欧美系等硬果型品种抗病性较强，而日系等软果型品种较易感病。栽种密度过大，施氮肥过多，造成植株生长过旺，或者不进行疏花疏叶，光照条件不足，湿度过大，都有利于病害发生。

在生产中要注意科学施肥，适当控制氮肥用量，增施有机肥，合理调节磷、钾肥比例，提高草莓植株的抗病能力。适当降低草莓种植密度，适时疏叶疏花，控制草莓生长群体。及时清除病叶、老叶、残叶、感病花序及病果等带菌残体，带到棚外进行集中销毁。果实成熟后要及时采收。草莓采收结束后，及时将植株残体清除干净，并于夏季高温天气高温闷棚消毒。

在选用抗病品种、合理轮作、科学栽培管理、适时通风等农业防治技术基础上，在病害发生初期，每亩可选用50％啶酰菌胺水分散粒剂30～45克，或38％唑醚·啶酰菌水分散粒剂40～60克，或400克/升嘧霉胺悬浮剂45～60毫升，或1 000亿孢子/克枯草芽孢杆菌可湿性粉剂40～60克等高效低毒化学药剂或生物药剂防治，主要喷施残花、叶片、叶柄及果实等部位，在草莓灰霉病发生初期每隔7～10天用药1次，连续施药2～3次。为防止或减缓灰霉病菌产生抗药性，不同药剂交替使用，轮换使用。如灰霉病发生非常严重，整个花序都受到侵染时，无需再打药，可摘除感病花茎，促发下一批花序为宜。

2. 草莓果期根腐病 由于连续雾霾天气，草莓种苗抗性降低，温室草莓容易出现红中柱根腐病，红中柱根腐病是草莓重要土壤真菌病害之一，病菌属低温型，由病株、土壤、水和农具传播。孢子在土壤中越夏。当地温在20℃以下，卵孢子发芽，从草莓根部侵入。当地温在10℃左右、土壤水分多时，则发病严重；当地温在25℃时，发病较少。该病喜酸性土壤，在低洼排水不良的地块发病较重。最明显的特征是根的中柱呈红色和淡褐色，感病后全株枯萎，地上部由基部叶的边缘开始变为红褐色，再逐渐向上萎蔫至全株枯死。造成不同程度死苗，严重影响农户经济效益。

生产中，应增施磷钾肥，以增强种苗抗性。合理浇水，避免因水分过多，导致地温降低，从而引起疫霉菌大量发生，加重根腐病。适当通风降低棚内湿度，避免因空气湿度过高导致滴水，增加传染机会。及时拔除病株，用生石灰消毒病穴，避免植株及土壤传播，有效减少传播途径。做好土壤消毒。

果期防治根腐病最有效的方式是灌根，可用58％甲霜灵锰锌可湿性粉剂500～800倍液、75％百菌清可湿性粉剂500～800倍液灌根、25％丙环唑乳油120～250克/公顷、35％多·福·克粉剂和8％井冈霉素A水剂480～600克/公顷。叶面喷施防治，可用50％甲霜灵可湿性粉剂1 000～1 500倍液喷施或58％代森锰锌可湿性粉剂 600~800 倍液，每隔 10 天喷施 1 次，连喷 2 次。注意：药剂有效安全间隔期及果实采摘期合理调整，以免果实农药残留超标。

3. **蚜虫**　蚜虫主要群集在草莓的嫩叶上，刺吸汁液，吸食后形成褪绿的斑点，造成叶片卷缩变形，严重影响光合作用。另外，蚜虫还是草莓病毒病的传播者。

蚜虫在草莓植株上全年均有发生，在温室中，蚜虫以成虫在草莓植株的茎和老叶下越冬，条件适宜时迅速繁殖危害。蚜虫 1 年可发生 10~30 代，在高温高湿条件下繁殖速度快，世代重叠现象严重，因此要及时提早进行防治。及时摘除病老叶并带出温室销毁，清除温室内外杂草，减少虫源。利用蚜虫的趋黄性，在温室内部悬挂黄板进行诱杀。选用 50% 抗蚜威 3 000 倍液、10% 吡虫啉 1 000 倍液或者 5% 啶虫脒 2 000 倍液进行喷雾防治，注意防治时要将蜜蜂搬出。

（四）植株整理

1. **疏花疏果**　疏花疏果可减少营养的消耗，使营养集中在留下的花果上，从而增加果实的体积和重量。一般大果型品种保留第一、第二级序花，中小型果品种保留 1~3 级花序花蕾，对第四、第五级花序全部摘去，同时注意摘去病虫果、畸形果，一般生产上每个花序留果实 3~8 个，根据植株的长势、品种不同和市场需要选留不同的数量。红颜一般每株可抽生 6~7 个花序，为了增加大果个、提高质量和产量，一般第一花序留 3 个果，第二花序留 2 个果，第三花序留 1 个果，正常生长时间每株保持 6 个果左右，也有部分地区不疏花疏果。甜查理和宁玉一般不疏花疏果，只摘去病虫果、畸形果。具体留果数可根据花梗的粗细，叶片数量、大小、厚度、颜色来决定。花梗粗、叶片多、大而厚、叶色深的品种要多留果，反之要少留果。

2. **掰侧芽、打叶**　在草莓植株主茎的四周会长出很多的侧芽，要进行选择性的掰除，原则是去掉朝向畦中侧的侧芽，两边的侧芽去掉较弱的，留下 1~2 个长势中间型的，如果留 2 个侧芽，这两个

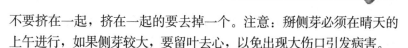

不要挤在一起，挤在一起的要去掉一个。注意：掰侧芽必须在晴天的上午进行，如果侧芽较大，要留叶去心，以免出现大伤口引发病害。

打叶要选择晴天，阴天不进行此项操作。打叶时要注意最好只打掉老叶，当发现植株下部叶片呈水平着生、逐渐变黄、叶柄基部也开始变色时，说明老叶已失去光合作用的机能，应及时从叶柄基部除去。特别是越冬的老叶，常有病原菌寄生，在长出新叶后应及早除去，以利通风透光，加速生长。发现病叶应及时摘除，以免传播病虫害。

（五）关键技术点

1. **连阴天的管理**　1月经常出现连阴天气，在这种天气下大棚的光照不及晴天的 1/5，空气相对湿度在 95％以上，室内温度在 15℃以下。温室内温度低、湿度大、光照弱。连续几天低温、寡照、高湿的环境条件会限制草莓叶片的光合作用，这时草莓会出现坐果率低、幼果停止生长、畸形果增加、果实成熟晚、上市期推迟、病害发生等问题，直接影响草莓的产量和品质。因此要做好连阴天的管理。即使是连阴天气，只要情况允许，就要坚持卷起棉被，使草莓能够尽可能多接受散射光，增强植株对光照的适应能力，增加植株光合作用，利于增产。在持续低温的天气下，中午前后也应进行短时间的通风，通风时间控制在半小时左右。可以在棚内安装补光灯设备，在连阴天进行人工补光，满足植株生长对光照的需求。晴天状态下，要及时进行通风，每天能保证至少1小时通风时间，可依据天气情况进行调整。

在日光温室的后墙处挂一道宽 1.5 米的反光膜，能显著增强棚室内北侧的光照。

2. **降雪天的管理**　如遇降雪天气，大雪压在棉被上，应及时清理，防止温度低将雪与棉被冻住。为防止产生沤根和烂根现象，雪天要严格控制浇水量，如果确实干旱需水，可采取滴灌或在上午浇水，并及时打开通风口，进行通风排湿。雪天尽量不用喷雾法施药，因常规喷杀菌剂不但增加棚内湿度，还会加重病情，因此尽量采用熏烟的方法施药。如果温度过低，可以采用临时加温措施进行提温，保证草莓植株的正常生长，如使用燃烧块或其他临时加温设备等。加热一般在夜间进行，并在正午前后进行短时间通风，控制棚内白天温度在 20 ℃左右，夜间温度在10 ℃以上。

3. 久阴骤晴后的管理措施　连阴天气后，天气转晴，如果按照常规管理方法卷起棉被，光照强，棚内温度骤升，植株水分蒸发加快，而根系吸收水分慢，会造成叶片萎蔫。因此，不要急于提温，低温造成草莓生理活动较弱，若突然提升温度，则造成叶片蒸腾较快，根际温度无法迅速提升，根系活动弱、吸收能力低，容易造成生理性缺水，导致植株萎蔫甚至死亡。因此这种情况下不要立即将棉被全部卷起，可以先卷起 1/3，视草莓的反应再逐步卷起棉被，如果发现植株萎蔫，要立刻放下棉被，待叶片恢复伸张状态再卷起来。反复几次，让草莓苗逐渐适应强光照。

水分控制上不要浇大水。土壤含水量较低，如果一下给大水容易造成根际周围温度很低，且含氧量下降，造成根系腐烂。

风口要及时打开，既保证通风量，不让棚内因蒸腾过大导致湿度过大，同时不要开太大，容易闪了草莓苗。

晴天要及时开展病虫害防治工作，对于多天未浇水施肥的植株，还可喷施叶面肥，快速补充草莓所需营养，加喷碧护 5 000 倍液提高其抗性。

4. 保温　为了加强防寒保温、提高温室内夜间温度，可以在温室内安装二道幕或多层幕进行覆盖。一般在温室骨架内距离棚膜 50 厘米左右安装二层膜，安装卷膜器和牵引拉线，二层膜采用保温长寿膜，天气晴朗时白天拉起，夜晚或阴天放下，可明显减少棚内温度散失。通过比较，采用二层膜覆盖温室比普通温室增温可达 3 ℃左右，并且可以降低温室内湿度，达到防治白粉病和灰霉病的作用。

5. 及时采收　1 月草莓进入盛果期，因此应及时采收。当果实达到八九分成熟时，即可采收。以免棚内湿度过大，造成果实霉烂。一般应坚持每天采收 1 次。时间为晴天早晨露水干后至中午高温来临之前，或傍晚气温降低后进行，避免在中午进行。

第六章

草莓 2 月管理技术

一、2 月北京地区气候

北京市 2 月的气温开始出现回升，平均气温为 -1.4 ℃，最高气温平均为 4.9 ℃，最低气温平均为 -6.7 ℃。2 月累积日照时数为 188.2 小时，平均每日的日照时间为 6.7 小时，日出至日落的时长为 10.2～11 小时。平均降水量为 4 毫米，最大降水量出现在 1998 年，为 21.1 毫米。空气相对湿度平均为 43.2%，最低平均为 23.6%。

2 月，气温回升，日照时间稍有加长，光照逐渐增强，保温被的遮盖时间可以根据天气情况缩短，提早收起、延迟下放。同时还要密切关注雨雪天气情况，做好雪中和雪后管理。草莓生长速度开始加快，果实成熟也加快，日常管理要加强，及时采摘成熟的草莓，及时补充消耗的水分和养分保证草莓的正常生长。

二、草莓果品生产的田间管理

（一）温湿度管理

前期草莓结果消耗植株体内营养较多，在此阶段要注意控制白天温度，促进草莓植株生长。白天温度在 22～25 ℃，夜间温度控制在 5～8 ℃。在保证温度的情况下尽量增加温室的光照时间，如果遇到连续阴雪天气时，可减少放风时间，早放棉被。雨雪天要及时清扫棚膜和保温被上的积雪。

随着天气回暖，草莓种苗进入旺盛生长阶段，此时更要合理控制种苗长势。现阶段晴天需拉大风口，增加通风量和时长，有效降低棚内温度，特别是夜温，若夜温太高，则夜间可不关风口，或夜间不放下棉被。

（二）水肥管理

在2月要注意及时浇水施肥，保证植株生长所需的营养和水分。控制氮肥用量，增施磷钾肥，以抑制茎叶生长的趋势。随水追肥一般用氮磷钾比例比16∶8∶34或19∶8∶27复合肥，5千克/亩。若植株出现徒长现象，可叶面喷施0.1％～0.2％的磷酸二氢钾，5～7天施用1次，连续喷施2次，从而控制茎叶生长。也可用氨基酸型的肥料叶面喷施或灌根，可更加及时地补充根系吸收营养的不足。在第一茬果后，红颜品种易出现缺铁性黄化症状。缺素植株的根系生长不良。由于铁元素在植物体内移动性差，老叶中的铁元素很难转移到新叶中，因此缺铁症状首先表现在新叶上。发病初期，新叶黄化失绿。随着时间的推移，叶脉为绿色，叶脉间变为黄白色。严重时新出叶片为白色，叶片边缘和叶脉间变褐坏死。铁元素是叶绿素合成的必需元素，因此草莓的整个生长季都应持续供应。当出现缺铁症状时，可追施硫酸亚铁或者螯合铁。也可用0.1％～0.5％的硫酸亚铁进行叶面喷施。同时应保证土壤或者基质的pH介于6～6.5。当然草莓植株缺乏其他营养元素，如氮、钾、钙、镁、硼和锰等，也能引起叶片黄化。植物缺乏不同的营养元素会有不同的表现特征，应根据具体的发病特征进行准确诊断。

随天气转暖，可结合作物长势适当加大供水量，结合浇水进行施肥，浇水应在晴天上午进行，此时是草莓侧花芽开花结果的关键时期，因此水肥至关重要，此时如果水肥缺失就会导致草莓植株早衰，进而总产量下降，浇水后应加强通风降湿。引起草莓植株早衰有如下几个原因：①草莓植株瘦弱。瘦弱的植株不仅根系不发达，而且极易受到病虫害的侵扰。②连续的雨雪天气。连续的雨雪天气光照条件极差，不能满足植株正常的光合作用和呼吸作用。③草莓品种越冬性差。北方冬季是一年中光照条件最差的季节，越冬性差的植株不能适应低光照条件，干物质积累量不足以满足植株的生长发育。④肥水及气候管理不当。肥水及温室气候管理是栽培草莓过程中最重要的环节，尤其是在草莓连续结果之后，肥水及气候管理不当，极易造成植株生长发育不良，严重影响产量。为了抑制或者减缓早衰，可以通过以下途径：①选择越冬性强的品种；②培育健壮的草莓苗；③注重护根养根，首先选择保水保肥且通透性好的土壤或者基质，其次保持弱酸性的生长环境，最后注意预防和防治根部的病虫害等；④肥水及温室气候的自动化管理，保证草莓生长所需的良好环境条件。

（三）病虫害防治

2 月要注意防治灰霉病、白粉病、蚜虫和叶螨等病虫害。灰霉病和蚜虫的防控方法同"第五章　草莓 1 月管理技术"。

1. **白粉病**　白粉病是设施草莓生产中的主要病害，在草莓的整个生长期都会发生。

白粉病可以危害草莓植株的茎、叶、花和果实等部位。发病初期在叶背面形成白色丝状菌丝，随着病菌的扩散，叶片出现大小不一的暗色污斑，最后出现白粉。花瓣受害变为红色，果实受害后果面覆盖白色粉状物，膨大停止，着色不良，严重影响草莓的经济价值。

白粉病的发生与植株的抗性和温湿度变化有关系。长势弱或者抗性低的植株更易发病。此外，当温度介于 15～25 ℃、湿度达到 80% 以上时，有利于孢子的产生及反复侵染。该病与栽培管理也有很大关系，多年连作的温室大棚发生白粉病较早且发病严重。种植密度高、通风条件差的温室也是白粉病发生的有利条件。

白粉病的发生与品种有一定关系，一般日韩系品种对白粉病抗性较弱，欧美品种抗性强。因此，要选择好抗病品种，定植无病壮苗。在田间发现病叶和病果时应及时清理，带出棚外，控制棚内湿度，减少病害发生。在发病前，可使用硫黄熏蒸进行预防。发病后喷施药剂防治，如50％醚菌酯水分散粒剂3 000倍液，或30％嘧菌酯悬浮剂2 000倍液，或12.5％四氟醚唑28~47克/亩，或25％粉唑醇悬浮剂20~40克/亩，注意轮换用药。

2. **叶螨**　叶螨是设施草莓栽培的重要害虫，发生较多的是二斑叶螨，在我国北方一年能发生10代以上。以受精的雌成虫在杂草、树木和枯枝落叶中越冬。第二年，当平均温度达到10 ℃左右时，雌成虫结束冬眠并开始产卵。此时，叶螨集中在草莓等早春寄主上进行危害。温度较低时，叶螨不会大面积暴发，北方干旱少雨的夏天有助于叶螨的暴发。

叶螨是设施草莓栽培的重要害虫，温室草莓生长中、后期易遭受叶螨的暴发危害，严重影响草莓鲜果的产量及品质。叶螨通常以成螨、若螨在草莓叶背刺吸汁液、吐丝、结网、产卵危害。受害叶片先从叶背面叶柄主脉两侧出现黄白色至灰白色小斑点，叶片变成苍灰色，叶面变黄失绿，危害严重时叶片枯焦脱落，植株矮小，生长缓慢。刺吸叶片，田间呈现点片发生，再向周围植株扩散；在植株上先危害下部叶片，向植株上部叶片蔓延，在叶背拉丝结网躲藏，喜群集叶背主脉附近吐丝结网，于网下危害；可借风力及人员活动扩散传播；世代交替危害，若防治不及时，极易蔓延暴发。

及时摘除老叶、病残叶，增加棚内通风透光性，降低叶螨的发生概率。在叶螨发生初期，利用捕食螨控制叶螨的发生、发展、蔓延。在释放捕食螨前，尽量压低叶螨的基数，用药剂先进行虫害防治，在药后5~10天释放捕食螨，能较好控制叶螨的危害。捕食螨的投放有悬挂法和撒施法。可将释放器均匀的挂于植株的茎或叶，同时应避免阳光直射。撒施时将捕食螨连同培养料一起均匀地撒施于植物叶片上，短期内不要进行灌溉，以利于洒落在地面的捕食螨爬到植株上。捕食螨的投放数量和频率取决于捕食螨的取食能力及叶螨的虫口密度。以高效防治叶螨的天敌——加州新小绥螨为例进行说明。如果每瓶装有25 000头天敌，那么在预防期每亩每次应投放6瓶。轻度发生期每亩第一次投放9瓶，第二次投放6瓶，间隔期为 30 天左右。判断捕食螨的防治效果主要通过叶螨的虫口密度变化趋势以及当代和后代捕食螨的存活情况进行判断。如果在释放捕食螨之后，当代捕食螨及后代能很好地适合温室环境，存活状态好，且叶螨的虫口密度持续降低，则说明该捕食螨防治效果好。危害严重的可使用 15％哒螨灵乳油 2 000 倍液或联苯肼酯等药剂进行防治。

（四）植株整理

1. **果实及时采摘**　对于植株上已经成熟的草莓要及时摘除，以免影响后续的草莓生长，一般在早晨进行摘果。采收时要求果柄短、不损伤萼片和果面，尽量减少机械损伤，无病虫果。

2. **劈叶、去侧芽**　及时摘除老叶和病叶，为草莓植株创造通风透光的环境，以利其生长，且避免了发生蚜虫、叶螨等危害时叶片过密不好防治的问题。

侧芽发生量较大的要及时疏除，避免过多的侧芽浪费养分，一般每株留 1~2 个侧芽即可。及时掰除果实采收后留下的花梗，减少养分消耗。疏去小型花和果梗过短、膨大不良及畸形的果，一般每个花序保留 3~5 个果实。不宜过度摘除叶片，尽量多保持功能叶。须将摘除的老叶、病叶、病果等及时移出棚外，防止病菌虫源传播扩散，同时保持园地清洁。

（五）套种

草莓套种蔬菜是利用草莓和蔬菜对环境条件要求的一致性及相互促进的作用，达到增添采摘品种选择性，增加设施空间利用率，提高单位面积产量，增加经济效益的目的。

1. **草莓套种玉米栽培模式**　草莓套种玉米是一种高效栽培套种模式，玉米营养丰富，深受大众喜爱，尤其是目前推广的鲜食玉米品种，采收后可直接生食，而且玉米秸秆直接还田，对土壤有改良作用。

草莓套种玉米可以使用育苗移栽和直播的方式进行，一般选用中早熟品种，根据天气情况一般在1月底至2月初进行直播或播种育苗，2月底至3月上旬定植。将玉米直播或定植在草莓畦面的中间，株距以50厘米为宜，播种2粒或定植1株玉米苗。玉米定植后要及时浇水，保证种苗成活。

2. 草莓套种洋葱栽培模式　一般洋葱采用育苗移栽的方式，2月底至3月初即可定植。将健壮的洋葱苗定植在草莓畦面中间，单行，株距为20～25厘米。定植后要及时浇水，缓苗后基本上依据草莓栽培管理的基本原则进行浇水施肥，不需要额外进行管理。

3. 草莓套种西瓜栽培模式　西瓜生长的适宜温度为24～30℃，草莓开花结果期的适宜温度为22～25℃，因此，在草莓套种西瓜时要选择适当是时间，时间过早温度不能达到西瓜生长所需要的最佳温度，西瓜生长缓慢，因此最适宜的西瓜播种时间为1月底至2月初，定植时间为2月底至3月初。一般选择早熟的小型西瓜品种，如超越梦想、红小帅等。西瓜单行定植在草莓畦面的中间，株距为50厘米。定植后浇透水，利于西瓜缓苗。之后可随草莓的田间管理。

（六）关键技术点

1. 控制植株生长　2月中下旬气温逐渐升高，在加强温湿度控制的同时要注意调节植株的生长和发育的平衡。及时去掉老叶、病叶、残留果柄保证草莓通风透光。可叶面喷施碧护、农大120等进行调节。

2. 注意病虫害　温度提升后，棚内的空气湿度减小，蚜虫、叶螨、蓟马等小型虫害就很容易发生，因此要经常查看植株情况，如有病虫害发生要及时进行防治。

3. 注重水肥管理　根据所处的生长阶段以及气候的变化，及时调整灌溉配方，保证草莓植株所需大量营养元素的充足。虽然植株对微量元素的需求量不大，但是微量元素对草莓的整个生长期都不可或缺。

三、草莓种苗生产的田间管理

种苗越冬过程中，检查土壤或基质的墒情，如果较为干燥，可适当补充水分。密切关注土壤（基质）温度的变化，当地温稳定在2~5℃时，草莓苗根系开始萌动生长，新叶萌发，要做好揭膜准备。

第七章

草莓 3 月管理技术

一、3 月北京地区气候

北京市 3 月的气温回升较快，气候明显变暖，光照变强。平均气温为 5.2 ℃，最高气温平均为 11.4 ℃，最低气温平均为 −0.6 ℃，较 2 月均提高了 6.0 ℃以上。3 月累积日照时数为 222.1 小时，平均每日的日照时间为 7.2 小时，日出至日落的时长为 11.3～12.5 小时。平均降水量为 9.8 毫米，最大降水量出现在 2007 年，为 41.9 毫米。空气相对湿度平均为 43.3％，最低平均为 22.9％。春季随着太阳高度角的逐渐增大，白昼时间加长，地面所得热量超过支出，因而气温回升迅速，白天气温高，而夜间辐射冷却较强，气温低，是昼夜温差最大的季节。一般气温日较差 12～14 ℃，最大日较差达 16.8 ℃。

3 月的平均最高气温已经升至 10 ℃以上，日出时间较 1 月提前了将近 1 小时，日落时间较 1 月延后了 1 小时，应适当提早收起保温被，开大风口。日最低气温在 5 ℃左右时，晚上下放保温被时可以不关风口。待 3 月中下旬日最低气温稳定在 5 ℃以上后，晚上可以不再下放保温被，或只用保温被压住风口即可。随着温度的升高，草莓的蒸腾作用增强，应补充较多水分，或缩短浇水间隔。

3 月中下旬至 4 月初，春季冷空气活动仍很频繁，由于急剧降温，出现"倒春寒"天气，易形成晚霜冻。并多大风，

8级以上大风天数占全年总天数的40％。当大风出现时常伴随浮尘、扬沙、沙尘暴天气。要注意温度的变化，防范"倒春寒"的危害。

二、草莓果品生产的田间管理

（一）温湿度管理

控制温室昼、夜温度在合理的范围内，防止忽高忽低。

正确的温室放风管理非常重要。一般情况下，在早晨太阳升起后，首先要拉开被子，但拉开保温被后的1小时内不要放风。因为一夜之后，温室大棚内部积累的二氧化碳，远远高于外界大气中的二氧化碳浓度，恰好为草莓进行光合作用提供充足的原料，提高草莓的产量。然后小口放风10分钟左右关闭风口。若白天晴天时，要采用三段放风的原则，即"小—大—小—关"，当室内温度上升到28℃时，先开10厘米左右小风口，小风口放风既可以降温，又可以排湿，还可以防止大风口突然降温造成"闪苗"。当室内温度降到25℃时，再加大放风量。温度如果继续上升，则需进一步增大风口，中午11时左右温度高时，则开大风口；下午逐渐把风口缩小，当温室内的温度降至20℃时关闭风口。

3月上旬天气乍暖还寒，夜间还需放下保温被，为防止草莓秧子夜间"旺长"，一定要等温度在10℃以下再放保温被。如果温度降不下来，可根据天气情况留5～10厘米风口，或放一半保温被。待3月中旬后，可完全不放保温被。

如果遇到连续阴雪天气时，雨雪天要及时清扫棚膜和草苫（保温被）上的积雪。可在中午前后放风半小时左右，早盖苫子。

（二）光照管理

3月，每天的日照时长已经延长到11.3～12.5小时，非特殊天气，不需再进行补光。

（三）水肥管理

3月以后，随着气温升高，光照增强，草莓叶片蒸腾量增大。同时，大量的开花结果，也使草莓对水肥的需求提升。

判断草莓是否该浇水的重要标志是温室内植株叶缘在早晨时是否吐水。如果叶片边缘有水滴，即出现吐水现象，可以认为水分充足，根系吸收功能较强；相反则需及时浇水。

一般情况应视天气情况和植株长势，5～7天浇一次肥水。首先，要把握好灌水时间，灌水宜选在晴天的上午进行；其次，要掌握好灌水量，一般每亩温室一次灌水量为3～5米³；最后，要做好灌水后的管理：草莓灌水后，要闭棚提温，尽快提高和恢复地温；等地温恢复后，再通风排湿。先放10厘米小风口，20分钟后，再进行大放风排湿。

可补充1～2次生根水溶肥，每亩每次3千克，促进草莓植株根系恢复。花果期肥料以高钾为主，每亩每次2～3千克，如果草莓植株因为前期结果较多，植株长势减弱、叶片变小，可以适当补充氮磷钾平衡肥，每亩每次2～3千克，促进植株生长。也可同时叶面喷施0.3%磷酸二氢钾或氨基酸类肥料，可以显著提高坐果率和浆果的质量。

补钙也是草莓水肥管理的重要措施。除了可根部施用高钙肥料外，还可叶面喷施0.1%硝酸钙或0.1%糖醇螯合钙水溶液。10～15天喷施1次，可有效提高草莓浆果糖度、硬度和耐贮性。

3月，棚室的风口完全敞开之后，二氧化碳肥不再补充。

（四）病虫害防治

草莓病害主要有灰霉病和白粉病。灰霉病可用枯草芽孢杆菌喷粉防治，白粉病可用75%百菌清可湿性粉剂600～700倍液喷防或用露娜森、10%苯醚甲环唑2 000倍液喷雾。

虫害主要有叶螨、蓟马等。

1. **叶螨防治** 防治叶螨应采取如下措施：

① 采取隔离措施严格控制进出棚室人员，棚室门前放消毒垫，入棚室更换工作服，阻断人为传播；操作工具专棚专用，避免交叉传播。

② 利用智利小植绥螨或（和）加州新小绥螨控制叶螨发生，根据叶螨的发生程度确定捕食螨的释放量。

③ 不释放捕食螨的温室，发现叶螨后可使用生物农药99％矿物油150～200倍液，进行全田全面喷雾，3～5天后可以喷第二次；或用10％阿维菌素水分散粒剂8 000～10 000倍进行喷雾，或43％联苯肼酯（爱卡螨）悬浮剂2 000～3 000倍液，3～5天防治1次，药剂轮换使用效果更好。

2. **蓟马防治** 为减少虫源，应经常清洁田园，并及时将植株残体带出棚室外深埋处理。利用蓟马对蓝色的趋性，可以在草莓植株上方张挂蓝板，每棚挂20～30张，能有效诱杀成虫。蓟马可以选择药剂进行防治，但是由于蓟马极易产生抗药性，所以必须轮换使用。

（五）植株整理

1. **疏花疏果** 及时摘除高级次的花序及株丛下抽生的细弱花序。并且随时摘除小果、病果、畸形果，清除到室外。

2. **及时打老叶** 草莓在一生中新老叶不断更新。应及时摘除下部遮盖果实的老叶、病叶。打叶不可过多，否则影响草莓长势和产量。

（六）辅助授粉

检查蜜蜂种群数量，关注授粉的效果。蜂群数量不足以满足授粉需求，造成畸形果时，应及时更换和补充。

（七）套种管理

1. **草莓套种玉米栽培模式** 3月上旬以后，草莓第二茬果实基本采收完毕，第三茬花序还未吐露，定植的玉米正值缓苗期，为促进草莓第三茬花的尽快出现，同时促进玉米的快速生长，可以适当提高温度，白天控制在 25～28 ℃，夜间保持在 15 ℃以上。

2. **草莓套种洋葱栽培模式**　洋葱也可以在 3 月初定植，将健壮的洋葱苗定植在草莓畦面中间，单行，株距为 20～25 厘米。定植后要及时浇水，缓苗后基本依据草莓栽培管理的基本原则进行浇水施肥，不需要额外进行管理。

3. **草莓套种西瓜栽培模式**　小型西瓜可在 3 月上旬定植。单行定植在草莓畦面的中间，株距为 50 厘米。定植后浇透水。

3 月上旬还可开始套种豇豆等豆类作物。

（八）关键技术点

一是施肥要少量多次，增施高钙、高钾肥，并结合叶面喷肥。
二是温度逐渐升高，注意防治叶螨和蓟马。

三、草莓种苗生产的田间管理

春季大棚育苗的园区，3 月中旬即可开始定植母株。在定植前，要准备好棚室、苗床和种苗。越冬种苗要把握好揭膜时间，及时揭膜。

（一）定植前准备

1. **棚室准备**　棚室通风、透光；棚外整洁无杂草。应做好排水，挖排水沟，防止夏季大雨灌入棚内，对草莓种苗的生长造成不良影响。检查棚膜是否完整，修补或更换棚膜。使用百菌清烟剂与异丙威烟剂熏蒸，预防病虫害的发生。喷洒次氯酸钠再次消毒，苗床、地面全面喷洒。棚室要提前闭棚提温。

2. **土壤（基质）准备**　在棚室中如果采用土壤育苗，需要深翻土壤，亩施入腐熟有机肥 800～1 000 千克，混匀，然后作畦。若土壤的排水性良好，可以做成平畦，若排水性不佳，可以做成小高畦，畦的四周留排水沟。行距 1.5～1.8 米，草莓可单行定植在畦面中央，子苗向两侧引压；也可双行定植在畦面中央，与单行定植一样，子苗向两侧引压；还可双行定植，分别定植在畦面上的两边，子苗向中间引压。也可以将行距定为 1.2 米，畦面宽 1 米，草莓单行定植在 1 侧。提前安装好滴灌设备，在母株定植行安装 1 条滴灌管，畦面上根据土壤的性质、水分扩散情况和滴灌管的孔距，设计安装 2～3 条滴灌管。

如果采用基质育苗，可以选择高架模式，也可选择地面模式。提前准备好母株槽（钵）、子苗槽（穴盘或钵），填满基质。基质可选用专用商品基质，也可购买材料进行混配。目前使用较多的是草炭、蛭石、珍珠岩的混配基质，比例一般为 2∶1∶1，但也要根据材料特性进行调整，特别要考虑基质的透水性。基质栽培，一般在母株行、各子苗行分别安装 1 条滴灌管。每条滴灌管均带有各自的阀门，可以根据需要单独开放浇水。

3. **种苗选择** 要求选择品种纯正、植株健壮、根系发达、具有 4～5 片功能叶片、无病虫的原种一代苗作为母株。最好使用脱毒种苗。

（二）定植

定植要求同生产中的定植要求相同，株距 30～40 厘米，深度把握"深不埋心，浅不露根"的原则，弓背朝向最好朝向子苗引压的方向。如果是裸根苗，可药剂蘸根后定植。定植后浇足定植水。定植密度可根据种苗匍匐茎抽生能力和预期产量进行调整。

（三）定植后管理

1. **温湿度管理** 定植后棚室内温度较低，要注意密闭棚室，温度保持 28 ℃，高于 28 ℃打开风口。低温天气注意放风排湿后立即封闭棚室保温，防止低温伤害。

2. **水肥管理** 母株定植在土壤中，定植水要浇透，之后，每3～5 天浇水 1 次。基质育苗，视天气情况，每天可滴水 1～2 次，每次 10～15 分钟。在上午气温达到 20 ℃左右时滴水。

3. 病虫害防治　缓苗后，用广谱性药剂全面预防一次。之后制订预防策略，每周喷洒杀菌剂 1 次，轮换用药。打药时间与打叶和摘除花蕾等的时间要相协调，可以确定每周打叶等植株整理工作的时间，药剂预防与植株整理同步，在植株整理之后进行，如果当天植株整理工作没有全部完成，整理到哪一步，药剂预防就做到哪一步，第二天再继续，完成后再打药。密切关注害虫的发生情况，针对性用药。

4. 植株整理　育苗过程中，花蕾全部摘除，减少营养的消耗。

（四）越冬草莓种苗揭膜与管理

进入春季，当地温稳定在 2～5 ℃时，草莓苗根系开始萌动生长，新叶萌出。3 月上旬，当棚内地温稳定在 5～8 ℃时，这时地膜内部湿度大、温度高，新叶和花序在膜下抽出，细嫩，容易发生灰霉病，需要及时揭开地膜。

揭膜后，检查种苗成活情况，及时拔出死亡、带病植株。将种苗基部干枯、黄化老叶、抽生花序一一摘除。清除的植物残体带到棚室外销毁。植株整理后，喷施广谱杀菌剂、杀虫剂对病虫进行防治。此后进行正常管理。

（五）关键技术点

一是选择优良母株，是育苗的关键。

二是草莓病害的定期预防非常重要。

三是及时揭膜。若揭膜早，室内温度低，不利于草莓生长；若揭膜晚，草莓在膜下生长，易发生灰霉病。

第八章

草莓 4 月管理技术

一、4 月北京地区气候

北京市 4 月的气温快速提升，平均气温为 13.6 ℃，最高气温平均为 19.9 ℃，最低气温平均为 7.2 ℃，较 3 月均提高了 8 ℃。4 月累积日照时数为 238.1 小时，平均每日的日照时间为 7.9 小时，日出至日落的时长为 12.7～13.8 小时。平均降水量为 22.2 毫米。空气相对湿度平均为 44.7%，最低平均为 23.3%。

进入 4 月，日最低气温已平均在 7.2 ℃，不需要保温被进行夜间保温。从 4 月开始要注意降低夜温，加大通风，增加昼夜温差，保证果实的口感。注意水分供应，满足植株的水分需求，降低叶螨的发生率和危害。

二、草莓果品生产的田间管理

（一）温湿度管理

4 月，正常情况下外界气温已基本能够满足草莓生长发育的需要，此阶段设施草莓温度管理主要是抓住晴好天气进行必要的通风降温、排湿，改善温室内小气候环境。白天尽可能加大风口放风量，夜间风口也不用关闭，加大昼夜温差，防止棚室内气温过高（避免 35 ℃以上高温），尤其夜温不能过高，否则，不但会影响草莓植株的生长发育，还会影响草莓果实的品质，使草莓果实变小变酸，风味、口感下降。

进入 4 月中下旬以后气温升高较快，完全通过风口调节室内温度有一定困难，为了有效降温，可采取棚膜外表面喷洒降温涂料的方法，有条件的也可以使用湿帘风机进行降温增湿。

（二）水肥管理

草莓经过前 3 个月的连续结果，营养消耗较多，植株营养生长出现不同程度的削弱，此时应加强草莓后期水肥管理，防止草莓植株出现早衰现象，以免影响后期产量及果品品质。

进入 4 月后光照强度增强，气温、土壤温度升高，蒸发量增大，草莓根系活动旺盛，吸收土壤中矿质营养及水分的能力增强，草莓植株对水分和养分的需求量也逐渐加大，尤其是一些生长势强的品种，叶面积大，输导组织发达，对水肥需求量大。此时应 3～5 天浇一次肥水，施肥应少量多次，以氮、磷、钾比例为 19：8：27 的水溶肥为例，每亩每次 1.5～2 千克。浇水时切忌大水漫灌，应小水勤浇，经常保持土壤湿润，并依据植株长势适量进行根外补充追肥，叶面肥根据实际情况可选用 0.1％～0.2％磷酸二氢钾、氨基酸类叶面肥、含钙叶面肥及适量的微肥。尤其要重视钙肥的补充，钙质元素不但能增加细胞壁的厚度，提高植株抗病性、抗逆性，还能起到增加果实硬度、改善品质的作用。

（三）病虫害防治

北京地区设施促成栽培草莓到 4 月已接近尾声阶段，草莓产量、单价、品质均有所下降，一些农户在病虫害防治方面往往重视程度不够或松懈，认为可治可不治，其实不然，此阶段如若病虫害发生严重，造成大量病、虫、菌积累，会给下一季草莓栽培带来不利影响，所以要引起足够的重视。4 月常见的病虫害有蚜虫、叶螨、蓟马、白粉病、灰霉病等，平时要注意经常仔细观察草莓植株，以便及早发现，及时防治。用药剂防治时应注意避开高温时段，以免产生药害，给生产造成损失。

防治白粉病，要加强田间管理，避免在草莓生长后期发生脱肥现象；注意摘除病叶、老叶，加强通风；病叶及病残体要及时带出棚室，并集中销毁以减少田间菌源；薄嫩的表皮更容易遭受白粉病病菌的侵染，尤其是枝叶密度较大的草莓棚室中，除了注意土壤平衡施肥以外，叶面补充钙和硅，对提高草莓的抗病能力有明显的效果。莓农之间尽量不要互相"串棚"，避免人为传播。在田间初现病株时，及时喷药防治。

防治灰霉病，最根本的是创造一个通风透光的不利于灰霉病发生发展的条件，在不用药的情况下，通过控制生态环境达到减轻和控制病害的目的。若发现灰霉病感染的果实，装在封闭的袋子里，尽早拿出棚室外处理。发生严重时也可选择化学药剂防治。

（四）植株调整

及时摘除老叶、病叶、病残果、残余果柄及弱小的侧芽和匍匐茎，减少养分消耗，并及时清理带出棚外集中处理；操作应选择在晴天植株表面干燥时进行，防止植株伤口处感病；各棚之间的管理最好采用专人、专用工具，严禁互相"串棚"，防止病虫害的人为传播；调控好营养生长和生殖生长，防止植株徒长和早衰，增强植株间透气、透光性；及时采收成熟果实，保证果实品质；适当疏花疏果，疏去高级次花、果及畸形果。

（五）套种管理

适合草莓套种的蔬菜种类主要有葱蒜类、瓜类、根菜类、豆类、鲜食玉米等。进入4月后经过前1～2个月营养积累，大部分蔬菜到了产品形成（膨大）期，或开花坐果期（抽穗期）。此阶段应结合草莓生产情况加强水肥管理，满足蔬菜生长发育的需要。另外，鲜食玉米要进行人工振荡授粉，西瓜在蜜蜂不足的情况下也需要人工授粉，坐瓜节位应以14～16节为宜。病虫害主要注意蚜虫、蓟马、叶螨、瓜类白粉病的防治。

草莓套种鲜食玉米水肥管理措施：在适当的时间对玉米进行水肥管理，能够促使玉米最快、最大效率的吸收水分和营养，有促进玉米生长，提高产量的功效。鲜食玉米一生中有 3 个吸肥高峰，即拔节期、大喇叭口期和抽雄吐丝期。草莓套种鲜食玉米，4 月正处在这 3 个关键时期，玉米进入拔节期以后，营养体生长加快，雄穗分化正在进行，雌穗分化将要开始，对营养物质要求日渐增加，故及时追拔节肥，一般能获得增产效果。如果草莓底肥足，可以适当控制追肥，时间可晚些；在土地瘠薄、基肥量少、植株瘦弱情况下应多施、早施，占追肥量的 20%～30%。在土壤肥力低或底肥不足时，应在 6 片叶展开时追拔节肥。

玉米进入抽雄期，生长旺盛，加之气温高，蒸腾蒸发量大，需水量达到高峰。此阶段正值玉米抽雄开花，对水分的反应十分敏感，如果水分不足，直接影响雌雄小花发育，造成雌雄不协调，影响正常授粉，导致秃顶缺粒，穗粒数减少，影响产量。此时期浇水应看天、看时、看墒，原则是经常保持土壤湿润。

草莓套种洋葱：4 月上旬套种的洋葱进入叶部旺盛生长期，肥水管理以草莓为主，不必另外施肥。发现早期抽薹的植株应及时摘除，以后还可形成鳞茎，减少损失。摘薹宜早不宜晚，最好在薹长30 厘米，且只摘花絮留下花薹为好，可以避免水从伤口流入造成植株腐烂。

草莓套种小型西瓜：4 月上旬西瓜进入伸蔓期，可选择单干整枝，或选择 2 条长势健壮、长度基本一致的侧蔓吊起，一条作结果枝，一条作营养枝。

4 月中下旬进入开花坐果期，在结果枝上第 14～16 节留瓜为宜，一般只留一个瓜。在晴天上午 8～10 时进行人工授粉，或使用蜜蜂辅助授粉，授粉后挂牌标注日期。

（六）关键技术点

1. **适期采收** 4 月气温逐渐升高，草莓果实容易变软，不适合采收十成熟的果实，根据草莓品种特性，八九成熟即可采收。

2. **增大昼夜温差，改善草莓品质** 温度高，昼夜温差小，营养积累少，草莓成熟快、果小、品质差。因此，应尽可能降低夜间温度，增大昼夜温差，改善草莓果品品质。

3. 病虫害防治　进入4月重点做好草莓白粉病、叶螨、蓟马的防治工作。套种洋葱、鲜食玉米和小型西瓜等作物的棚室，注意套种作物的病虫害防治。

三、草莓种苗生产的田间管理

露地育苗，通常在4月定植母株。4月中旬，当日气温稳定在10℃以上时即可定植。

（一）建立专门的育苗地块

繁育健壮的草莓种苗需要专门的草莓繁殖园，宜选择地势平坦、土壤疏松肥沃、排灌方便、背风向阳的田块。尽量不选择前茬种植过西瓜、番茄等作物的地块，连续进行草莓种苗繁育的地块要注意进行土壤消毒。

（二）定植准备

定植前的整地施肥、滴灌设备安装与棚室内土壤育苗相同。最好选用小高畦，避免雨天，积水淹苗。种苗要选择品种纯正、健壮，根系发达，具有4～5片功能叶，无病虫携带的种苗，最好选用脱毒种苗。

（三）定植与定植后管理

定植株行距与棚室内土壤育苗相同。定植深度把握"深不埋心，浅不露根"的原则，定植后浇足定植水。种苗缓苗后，病害药剂预防一次。之后制定病害预防策略，与棚室育苗相同。不同的是，遇大风、大雨后，增加一次药剂预防。

露地土壤育苗，草害发生比较严重，除草是个经常性的工作，除草不及时，会影响子苗的扎根。为了减少杂草的生长，可以在畦面上铺设黑色地膜、地布或用过的草苫子，待子苗长出来时，逐步撤掉。

（四）棚室育苗的田间管理

1. 温度管理　可关闭顶风口，打开塑料大棚东西两侧下部薄膜，撤下南北门两边的薄膜，加强通风。安装轴流风机，自 4 月下旬开始使用，促进空气流动，可有效降低棚室内的温湿度，减少病害发生。

2. 水肥管理　4 月气温升高，植株蒸腾作用增强，土壤中母株每 3 天左右浇水 1 次，基质中母株，每天滴水 2～3 次，每次 10～15 分钟。肥水供应平缓充足，最好不要大起大落，以免影响其正常生长。可施用氮磷钾比例为 15∶15∶15 的三元复合肥，穴施或撒施，根据母苗生长状况，每 10～15 天施用 1 次，每次 3～5 千克。叶面喷肥尿素 5 000 倍液，每 7 天喷施 1 次，促进植株生长。还可使用全水溶性复合肥，滴灌施入，控制 EC 值在 0.5～0.8 毫西门子/厘米即可。

3. 植株整理　为了促进母株的营养生长，多发匍匐茎，应及时摘除母株发出的花蕾及下部的老叶、病叶，摘除花蕾要尽早。

4. 病虫害防治　经常观察草莓苗的生长状况，尽早发现病虫，尽早防治。4 月，容易发生的病虫害有白粉病、蚜虫和叶螨。

（五）子苗定植槽的准备

5 月，草莓苗将开始大量发生匍匐茎，4 月要准备好子苗槽（穴盘和营养钵），并装好基质，在母株的一侧或两侧摆放好，子苗槽与母株槽之间、子苗槽之间距离为 10 厘米，保证种苗的通风透光。

对于使用过的育苗槽和压苗器等材料，需要对其进行消毒，防止病菌传播。先将育苗槽和压苗器用清水刷洗干净，配置次氯酸钠有效浓度为 2～5 克/升的溶液，将育苗资材放入溶液中浸泡 30 分钟以上，然后捞出，码放晾干。由于次氯酸钠是一种含氯消毒剂，对人体皮肤黏膜有一定的刺激性，因此在消毒过程中注意带好手套口罩，做好防护。也可使用高锰酸钾溶液进行消毒。

第九章

草莓 5 月管理技术

一、5 月北京地区气候

北京市 5 月的平均气温已经升至 19.6 ℃，最高气温平均为 25.9 ℃，最低气温平均为 13.1 ℃，较 4 月均提高了 6 ℃。5 月累积日照时数为 259.1 小时，平均每日的日照时间为 8.4 小时，日出至日落的时长为 14.8 小时。平均降水量为 40.7 毫米。空气相对湿度平均为 52.3％，最低平均为 29.3％。

5 月，草莓促成栽培进入尾期，温度升高，水分增加，草莓成熟时间缩短，口感下降。此阶段应最大程度地进行通风。也可通过遮阳降温材料降低棚室内温度。

二、草莓果品生产的田间管理

（一）温湿度管理

进入 5 月以后，外界气温白天达到 25～30 ℃，夜间 13～15 ℃。此时的温度已经不适宜草莓结果期的生长。可以通过一些措施将温度尽量降到适宜草莓生长的温度。采取遮阳避光措施，并加大放风量，特别是在夜间大通风。具体措施是在棚膜上喷遮阳降温涂料，或使用遮阳网，白天气温达到 30 ℃以上时可在上午 11 时至下午 2 时的时间放下保温被进行反保温，尽可能把温度能降到白天 25 ℃以下，夜间在 12 ℃左右。湿度不能太低，太低不利于授粉，同时果实发育不良。可以通过喷雾系统增加空气湿度，但是要少量多次，避免空气湿度忽高忽低。

（二）水肥管理

此时温度高，草莓生长快，浇水施肥要勤，浇水的另一个作用是降低地温。随水浇全水溶性复合肥料，浓度可适当降低。配合海藻肥、氨基酸肥料等，改善草莓的口感。

（三）植株整理

由于棚内温度较高、光照充足，果实成熟期变短，因此需要及时采摘草莓，减少对植株的压力。及时摘除病果、果柄、老弱黄的叶片，拔除带病的植株，保留新鲜健康的叶片，让更多的功能叶制造营养，提高草莓品质。

5月下旬，多数园区结束草莓生产，开始拉秧。有套种作物的，可以先清理草莓植株，待套种作物成熟采收后，再进行最后的清理。没有套种的，清理所有植株，收集在一起，准备进行病残体处理。同时将滴灌设施进行拆卸，整理滴灌管并收好。接下来进行破垄操作，为土壤消毒和下一季栽培做准备。

草莓破垄，翻耕之后，可以撒播玉米，最佳亩播种量为 12.5 千克，亩播种密度为 7.7 万株。待玉米长到 6 月底至 7 月初，可以直接打碎翻入土壤，增加土壤有机质，一方面可以提高土壤消毒的效果，另一方面可以增加土壤有机质，降低土壤 EC 值，改良土壤。试验表明，播种玉米后，土壤 EC 值可降低 35.7%～63.1%。

（四）套种管理

进入 5 月之后，套种洋葱，只要保证洋葱所需水分供应即可。套种玉米的采收期为 5 月底至 6 月底，因此 5 月要防治好玉米和草莓上的蚜虫、叶螨等，防止草莓拉秧之后病虫害转移到玉米上。套种小型西瓜，在西瓜采收之前，应该注意控水，保证西瓜的甜度。

（五）病虫害防治

5月，草莓生产即将结束，有些园区放弃了对草莓病虫害的防治，虽然这样节约了成本，但是却为下一茬生产积累了病菌和虫口，因此对于5月的病虫害防治工作依然要重视。

三、草莓种苗生产的田间管理

（一）温湿度管理

进入5月后，光照增强，温度升高，棚室覆盖遮阳网（60%遮阳）进行遮阳降温。外遮阳降温效果显著，一般能降低4~6℃。现阶段连续高温，育苗遮阳一般从上午9时至下午5时，可打开棚室两侧的棚膜。打开环流风机，风速控制在0.5米/秒，确保棚室内空气的流动，促进棚室内空气循环。

还可以在棚膜上喷遮阳降温涂料进行遮阳降温。可根据生产需要设置遮阳率，一般可达到23%~82%，降温可达到5~12℃，一般常用的喷涂遮阳材料有利索、利凉等。但由于成本问题很多农户不愿选择喷涂遮阳材料，此时可选用腻子粉或泥浆等材料代替，一样可以起到降温作用，但其易受雨水影响，需反复喷涂。

（二）水肥管理

5月气温升高，浇水应选在上午10时之前或下午4时以后进行。基质育苗，视天气状况，每天滴水3~4次，保持草莓根部湿润。对于土壤育苗，应当根据土壤性质及干旱情况进行浇灌。露地育苗可每10~15天亩追施尿素或三元复合肥4~5千克。基质育苗可按照少量多次的原则进行追施全水溶性复合肥，控制EC值在0.5~0.8毫西门子/厘米。

若母株健壮，可以负担子苗的生长，子苗可先不给水，只进行压苗，待第一和第二级苗在栽培槽内长满后再一起给子苗供水。同样，三级子苗和四级子苗长满后一起给水，以保证子苗的一致性。若母株长势较弱，压苗后就可以给水，以减轻母株的负担。

（三）病虫害防治

密切关注白粉病、蓟马、叶螨的发生。如果已经发生白粉病，要及时进行防治，控制发生和蔓延。由于叶螨、蓟马属于小型害虫，隐蔽性强，早期不易被发现，但其繁殖速度快，极易发生成灾，造成较大经济损失，因此，需注意观察，做到早发现早防治。

（四）植株整理

去除母苗老叶、病叶。摘除子苗老叶，对于抽生较早的匍匐茎，底部叶片变厚、变硬、变黄、老化，抗性降低，易感染病害，及时摘除老叶，刺激新叶长出，促发新根，以减少苗的老化程度。保持功能叶片4～5片为宜。去掉的老叶要集中到空旷的地带烧毁，以防止病虫害的蔓延。

选留健壮匍匐茎，对于细弱匍匐茎可以摘除。匍匐茎苗抽发以后，要及时对其整理，使其在田间均匀分布，并在子苗具有1叶1心时进行压苗处理，利于子苗的存活和生长。压蔓过早，匍匐茎还在向前生长，不能达到固定生根的目的，压蔓过晚，匍匐茎伸展到哪里，就有可能在哪里生根，不便于管理。露地育苗，匍匐茎苗还容易受到大风的影响，不及时压苗，苗在风中摆动，不利于生根。注意压苗要轻，仅将子苗固定即可，同时压苗前应当摘去子苗下部小叶。

育苗床上出现杂草，要及时清除。因为杂草与子苗争夺生存空间，不利于子苗的扎根和生长，此时清除杂草显得更为重要。

（五）关键技术点

1. **遮阳降温**　可以采用设施遮阳、降温。

2. **除草及去老叶**　草莓苗床以人工除草为主，尽量不要锄草，拔草时不要松动草莓根系，以免造成草莓苗死亡。此外，要及时将草莓黄叶、枯叶、病叶摘除，减少养分消耗和水分蒸发，改善通风透光条件。

3. **引茎压苗**　固定匍匐茎苗，避免风吹或日常操作将匍匐茎带起，促使其早生根。不及时引压匍匐茎，促使其快速生根，容易形成"浮苗"，特别是刮风较多且风力较强的苗地。苗床湿润有利于子苗生根。

第十章

草莓6月管理技术

一、6月北京地区气候

北京市6月的平均气温为23.7℃，最高气温平均为29.6℃，最低气温平均为18℃。6月累积日照时数为228.5小时，平均每日的日照时间为7.6小时，日出至日落的时长为15小时。平均降水量为77.5毫米。空气相对湿度平均为62%，最低平均为38.6%。

北京汛期时间为6月1日至9月15日，进入汛期，暴雨多发，生产上要注意防雨、防风、防雷电。

二、草莓果品生产的田间管理

6月，草莓果品生产全部结束，此时进行的主要工作为套种作物的收获以及土壤和棚室的消毒。

（一）套种管理

6月，温室内套种的洋葱、玉米已进入成熟采收阶段。当洋葱叶片由下而上逐渐开始变黄，假茎变软并开始倒伏，鳞茎停止膨大，外皮革质，进入休眠阶段，标志着鳞茎已经成熟，就应及时收获。洋葱采收后经过适当晾晒即可贮存，且注意晾晒时不要暴晒，有条件的用叶子遮住葱头，只晒叶不晒头，可以促进鳞茎后熟，外皮干燥，以利贮藏。

如果大型园区，洋葱数量较多且有冷库条件的，可放入冷库中进行储藏。将洋葱进行分级装袋，入库前先将挑选好的洋葱预冷降温，当洋葱温度接近贮藏温度时，入冷库贮藏，冷库温度控制在0～2℃，温度波动要尽量小，波动大易引起生理病变。同时要保证冷库内通风良好。

鲜食玉米采收后应尽快销售和食用，采收后8小时内食用是最佳时期，如超过24小时将会影响品质及口感。留下的植株残体要进行清理。如果套种玉米在生长过程中没发生病虫害或发生较轻，可以先将玉米秆拔出，收好，准备用于土壤消毒。

（二）土壤消毒

利用夏季高温时段，对草莓棚室和土壤以及基质进行消毒，有效杀灭有害菌和线虫，缓解连作障碍，降低病虫害特别是土传病害的发生与危害程度，为秋季草莓的健康生长奠定基础。

草莓种植年限在3年以下、上茬草莓病虫害发生较少、危害程度较低的园区，可以采用太阳能消毒法或辣根素消毒等，种植年限较长，或上茬草莓病虫害发生较频繁，危害程度较高的园区，可以采用石灰氮消毒法或棉隆消毒法或氯化苦消毒法等。

消毒之前，将套种或轮作的玉米粉碎后直接铺在土壤上，没有套种或轮作玉米的园区，可以每亩施用600～1 200千克粉碎后的秸秆，用旋耕机与土壤混匀，准备消毒。研究表明，增加有机物可以有效提高土壤温度，提升消毒效果。

太阳能消毒法和石灰氮消毒法要密闭棚室30～40天，保证消毒效果。使用石灰氮、棉隆或氯化苦消毒法时一定要注意正确操作方法，消毒和敞气晾晒过程中，避免出现人畜中毒或对作物产生药害。

三、草莓种苗生产的田间管理

（一）温湿度管理

进入6月以后，伴随着匍匐茎大量抽生，草莓母苗进入旺盛生长阶段。此时外界气温逐渐升高，进行设施育苗的农户，可以将棚室顶部、南北两侧的风口打开，保持棚室内空气流通；安装轴流风机的棚室，自上午 10 时至下午 4 时，打开轴流风机，促进空气流动，达到通风降温的目的。还可在棚室外部加盖遮阳网进行遮阳降温，控制棚室温度在 24～28 ℃，促进种苗生长。

（二）水肥管理

此阶段，草莓苗对水分和养分的需求量都很大。草莓种苗的水分管理应当遵循少量多次的原则，保证水肥供应平缓充足。对于露地育苗的农户，最好选择在晴天的早上或傍晚进行浇水，尽量不要在中午温度过高时浇水，避免水温过低刺激草莓根系，使其吸收功能下降，引起植株急性凋萎。在浇水时应当少水勤浇，不要留有积水。有条件的最好安装滴灌设备，使用滴灌浇水方式，每天上午滴灌一次，每次 20～30 分钟，根据气候情况，可适当增加每次滴灌时间或滴灌次数。保持土壤湿润，有利于子苗扎根。注意经常检查滴灌带，防止出水口堵塞造成灌水不均。

进行基质育苗农户，每天可给予母苗滴灌 3～4 次，每次 10～15 分钟，以水渗出基质为宜。对于引压后的子苗，每天应当给予滴灌 1～2 次，保持育苗槽湿润，促进子苗扎根。

在草莓匍匐茎大量发生期，主要通过速效性肥料来及时补充草莓植株所需要的养分。可以每亩施用尿素 5 千克，或三元复合肥（15：15：15），每株 10 克，10～15 天 1 次。有滴灌施肥设备的，追肥可选用高氮或平衡型全水溶性复合肥结合灌水进行，少量多次。

子苗可以不施用肥料，依靠母株供给养分。也可以少量施用缓控肥。

缓控肥具有肥效长、养分利用率高、供给平稳的特点，近些年发展迅速。在育苗过程中使用缓控肥能够节约施肥用工，降低劳动强度。选择缓控肥时应当注意其养分含量和养分释放有效期。根据草莓子苗生长特点，最好选择复合养分、氮含量在 15％左右，缓释期大于 60 天的产品。可以作为底肥和基质掺在一起使用，也可在植株周围撒施。施入后，要经常查看种苗生长情况，避免脱肥。

（三）病虫害防治

初夏时节，是蚜虫和螨类高发季节。成蚜和若蚜多在幼叶叶柄、叶背活动吸食植株汁液，受害后的叶片卷缩、扭曲变形，使草莓生育受阻、植株生长不良和萎缩，严重时全株枯死。蚜虫发生时，可选用 10％吡虫啉可湿性粉剂 1 500～2 000 倍液，50％抗蚜威 2 500～3 000 倍液，或 2.5％溴氰菊酯 5 000 倍液，7～10 天喷 1 次，连续喷施 1～2 次，注意轮换用药。叶螨在植株下部老叶上栖息，密度大、危害重，随时摘除老叶和枯黄叶，将有虫、病残叶带出园区烧毁，可减少虫源。虫害发生初期，可选用 43％联苯肼酯 3 000 倍液，50％苯丁锡可湿性粉剂 1 500 倍液，15％哒螨灵乳油 1 500 倍液，5％噻螨酮或 20％双甲脒 1 500 倍液，7 天喷 1 次，连喷 2 次，可以得到很好控制。喷雾时注意将喷头先插入植株下部朝上喷，再从上面向下喷，使药剂喷布叶片背面和正面，在喷药前最好先清除老叶，这样不仅施药方便周到，而且效果好。鉴于叶螨容易对同一种药剂产生抗性，防治时注意各种药剂交替使用。

（四）植株整理

6 月中下旬，当母苗匍匐茎已经密集长出，匍匐茎上子苗长至一叶一心时进行压苗。摘除细弱匍匐茎，每个母株选留 6 条健壮匍匐茎。将匍匐茎引压在母株的两侧，压苗使用专用育苗卡或用铁丝围成 U 形，卡在靠近子苗的匍匐茎端，将子苗固定在子苗用育苗槽或营养钵中，注意压苗不要过紧、过深，以免造成伤苗。从母株匍匐茎长出的子苗为一级子苗，从一级子苗的匍匐茎长出的子苗为二级子苗，依次类推。第一级子苗压在第一行子用育苗槽或营养钵中，第二级子苗压在第二行子用育苗槽或营养钵中，第三级子苗压在第三行子用育苗槽或营养钵中，第四级子用育苗压在第四行子用育苗槽或营养钵中。如果匍匐茎短，匍匐茎苗不能压到子用育苗槽中，可以将苗压到母株槽中，作为一株母苗使用。也可以去掉匍匐茎苗的生长点，待二级匍匐茎苗发出再压苗。

露地育苗的农户可以根据匍匐茎的生长方向合理均匀地分布匍匐茎空间。疏掉长势细弱的匍匐茎，留取粗壮、健康的匍匐茎，用铁丝、秸秆等制作成 U 形卡，轻轻固定住匍匐茎前端，便于其生根。对于伸出的匍匐茎要及时引压固定，避免露地大风环境下影响种苗发根，造成浮苗。此外还应及时摘除母株上抽生的花序，减少养分消耗，促进匍匐茎抽生。

（五）关键技术点

一是加强对母苗的肥水管理，必要时补充 1～2 次三元复合肥，促进匍匐茎发生。

二是子苗引压要合理排列，为生长留足空间，间距至少 5 厘米左右，压苗不宜过深。

三是要注意对蚜虫、叶螨、白粉病等病虫害的防治，坚持定期用药。

四是注意修整育苗地内外的排水设施。由于苗地积水极易引起种苗病害传播蔓延，特别是炭疽病，因此在雨季到来之前，应当对育苗地的排水设施进行检修，包括育苗地周围和育苗畦之间，清理排水沟渠内的杂草落叶，保证多余水分能够迅速排走，避免暴雨来临造成积水。棚室外部的排水设施，没有排水沟的应当在棚室之间、前部及后部铺设排水管道（沟渠），并与集雨设施或排水设施畅通连接，保证雨水能够迅速排走；已经铺设排水管道（沟渠）的应当对排水设施进行检修，清除管道（沟渠）内及周边杂草异物，保证管道畅通，防止管道堵塞雨水倒灌至育苗棚内，造成毁灭性损失。

第十一章

草莓7月管理技术

一、7月北京地区气候

北京市7月的平均气温为25.4℃，最高气温平均为30.4℃，最低气温平均为21℃。7月累积日照时数为194.4小时，平均每日的日照时间为6.3小时，日出至日落的时长为15小时。平均降水量为165.9毫米。空气相对湿度平均为74.9%，最低平均为52.2%。

7月下旬至8月上旬，北京进入主汛期。在草莓种苗繁育的关键阶段，雨水的淋溅和浸泡有利于草莓炭疽病的传播，易造成炭疽病大暴发，造成不可逆转的损失。2012年北京"7·21"特大暴雨，北京全市平均降水量为190.3毫米，达到大暴雨量级，暴雨中心出现在房山区河北镇，降水量达460.0毫米。全市平均日降水强度超百年一遇，有11个气象站雨量突破建站以来历史极值。这次特大暴雨过程强降水持续时间长、雨量大、影响范围广，部分草莓园区遭水淹，个别园区的草莓种苗经长时间水淹后，全部死亡，损失惨重。因此，进入7月，首先检查园区的排水，密切注意天气状况，做好应对暴雨的准备。

二、草莓果品生产的田间管理

6月没有开始土壤消毒的园区，可以选择在7月进行土壤消毒。

三、草莓种苗生产的田间管理

(一) 温湿度管理

7月是全年最炎热的时节。采取有效的降温通风措施，控制棚室内温湿环境，是保障种苗健康生长的前提。开放轴流通风机，促进空气的流通，可有效降低棚室内的温度。

对于露地育苗，应当及时对田间杂草进行清除，增加植株的通风透光性，减少病虫宿主。

北京地区7月也是暴雨多发的季节。育苗户应当及时检查育苗棚（地）四周的排水设施，清理排水渠内杂物，保持通畅，保证雨水能够及时排出，避免出现涝害，造成种苗根茎腐烂和病害蔓延，直接影响种苗产量和质量。暴雨前将棚室四周卷起的棚膜放下，减少雨水淋入。同时尽量避免打叶等操作，防止病原从伤口侵入。暴雨过后用清水冲洗植株上的淤泥，保持植株特别是心部清洁，同时发现炭疽病病株应当及时清除。对于露地育苗，喷施杀菌剂对预防病害的发生和蔓延非常重要。在暴雨过后，应当及时喷施一次广谱杀菌剂进行防治。之后每隔7天喷药1次，注意不同成分类型的杀菌剂轮换使用。

(二) 水肥管理

进入7月后，气温高、蒸发量大。需要及时灌水，满足草莓苗生长需要。对于露地育苗的农户，可增加灌水次数，每天上午10时之前、下午4时之后滴灌一次，每次20～30分钟，不要在中午进行灌水，以免影响植株生长。另外，要经常对育苗地巡视，发现有积水的地方及时清理，防止种苗染病。对于基质育苗，由于子苗的育苗槽或营养钵内基质少，易造成水分亏缺，因此可每天滴灌3～4次，以水分从基质中排出为宜，保证水分供给。按照之前的给肥方法追肥，但7月20日是草莓施用氮肥的最后期限，8月后不再施用氮肥。

高温季节，关注种苗长势，特别是棚室内的基质苗，发现徒长趋势，施肥要注意控制氮肥的使用，注意补充磷钾肥。子苗切离后，可对子苗追施三元复合肥，每7～10天1次，每次每株2～3克，追施1～2次。

（三）炭疽病防治

本月是雨水频发的时节，草莓种苗淋雨后，极易引起病害特别是炭疽病的发生与蔓延。炭疽病是夏季草莓种苗繁育过程中的重要病害之一，对种苗的繁殖能力和子苗的生长造成严重影响，特别是红颜等日系品种更易感炭疽病。七八月高温时间长，雷阵雨多，病菌传播蔓延迅速，可短时间内造成整片苗死亡。尤其在草莓连作田、老残叶多、氮肥过量、植株幼嫩及通风透光差的田块发病严重，可在短时期内造成毁灭性损失。因此要特别注意对炭疽病的防治。

草莓匍匐茎、叶柄、叶片染病，初始产生纺锤形或椭圆形病斑，直径3～7毫米，黑色，溃疡状，稍凹陷；当匍匐茎和叶柄上的病斑扩展成为环形圈时，病斑以上部分萎蔫枯死，湿度高时病部可见肉红色黏质孢子堆。炭疽病除引起局部病斑外，还易导致感病品种尤其是草莓育苗地秧苗成片萎蔫枯死；当母株叶基和短缩茎部位发病后，初始1～2片展开叶失水下垂，傍晚或阴天恢复正常。随着病情加重，则全株枯死。虽然不出现心叶矮化和黄化症状，但若取枯死病株根冠部横切面观察，可见自外向内发生褐变，而维管束未变色。

预防炭疽病，首先要及时对苗地进行中耕松土和除草。对草莓苗地里的杂草要及时人工拔除，使苗地通风透光，不宜使用除草剂。对土壤板结的苗地，宜用短柄两齿锄轻轻松土，对浮苗要压实，促进根系的发生；检查育苗棚（地）四周的排水设施，清理排水渠内杂物，保持通畅，保证雨水能够及时排出，避免出现涝害。受淹苗地及时用清水洗去苗心处污泥，拔掉受伤叶片。然后整理植株，及时摘除老叶、病叶、枯叶，剪去发病的匍匐茎，并集中烧毁。当子苗达到预计数量时，用剪刀将母株与子苗切离，并拔除母株。有条件的苗地可搭棚盖膜进行避雨，以降低湿度，并在高温期间覆盖遮阳网降低温度。注意在高温季节，每次风雨过后都必须及时施药控制炭疽病发生。

防治炭疽病，可选用 25％吡唑醚菌酯（凯润）乳油 1 500～2 000 倍液，60％吡唑醚菌酯·代森联（百泰）水分散粒剂 800 倍液，20.67％嘧唑菌酮·硅唑（万兴）乳油 2 000 倍液，45％咪鲜胺乳油 3 000 倍液，25％使百克乳油 1 000 倍液，75％百菌清可湿性粉剂 600 倍液，80％代森锰锌（大生 M-45）可湿性粉剂 700 倍液，20％噻菌铜悬乳剂 400 倍液，或 77％氢氧化铜可湿性粉剂 700 倍液喷雾。每 7～10 天喷雾 1 次。施药时应在傍晚进行，兑足水量，重点喷雾短缩茎、匍匐茎等近地表部位。各种药剂交替使用，以免产生抗药性。

（四）植株管理

如果 7 月，种苗长势较强，通风透光受到影响，可以先将母株的叶片刈割，留 10 厘米左右叶柄。根据子苗生长情况，7 月中下旬进行子苗切离，即剪断子苗与母株以及子苗与子苗间的匍匐茎。视子苗生长情况，可一次性全部切离，如果子苗还没有完全长好，可以先切离母株和一级匍匐茎，2～3 天后再切离二级匍匐茎，依次类推。切离后，要加强对子苗管理，及时摘除老叶和病叶，保证子苗在 4 片叶左右。此时若子苗数量已够，可将母苗挖除，更好地通风透光，减少病虫害发生。

7 月高温多雨，田间杂草生长旺盛，一方面与种苗争夺生存空间，一方面为有害病虫提供寄宿环境，极大地影响草莓种苗的生长。露地育苗的农户要格外注意田间杂草的去除工作。草莓幼苗对多种除草剂极为敏感，受除草剂危害后很难补救，即使能恢复生长也将会造成减产减收，因此尽量不要使用除草剂。田间除草可以和中耕相结合，使用小锄和人工拔草相结合，尽量在杂草较小时除去。在露地育苗过程中要经常除草，杂草生长过多会影响草莓生根成苗。

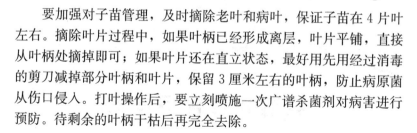

要加强对子苗管理，及时摘除老叶和病叶，保证子苗在 4 片叶左右。摘除叶片过程中，如果叶柄已经形成离层，叶片平铺，直接从叶柄处摘掉即可；如果叶片还在直立状态，最好用先用经过消毒的剪刀减掉部分叶柄和叶片，保留 3 厘米左右的叶柄，防止病原菌从伤口侵入。打叶操作后，要立刻喷施一次广谱杀菌剂对病害进行预防。待剩余的叶柄干枯后再完全去除。

（五）关键技术点

一是注意对棚室温湿度的控制，采取安装环流风机、加盖遮阳网、棚膜喷水等措施，增加棚室通风，降低温湿度。

二是及时充分滴灌，保证子苗水分供应。

三是做好排水沟渠的疏通，密切关注天气变化，应对暴雨天气对草莓的影响。

四是露地育苗要及时清除杂草。

五是加强对炭疽病防治，发现病株及时清除并使用药剂，防止病害传播蔓延。

六是及时压苗，减少浮苗。

第十二章

草莓8月管理技术

一、8月北京地区气候

北京市8月的平均气温为24.1℃，最高气温平均为29.4℃，最低气温平均为19.8℃。8月累积日照时数为201.1小时，平均每日的日照时间为6.7小时，日出至日落的时长为14小时。平均降水量为136.1毫米。空气相对湿度平均为77.2%，最低平均为52.5%。

8月中下旬，草莓种苗开始陆续起苗、运输，生产上开始整地、准备定植，雨天给露地育苗的起苗工作带来困扰，会因为连续的雨天而延误起苗工作。而在草莓生产定植工作中，阴雨天有利于草莓种苗的成活。

二、草莓果品生产的田间管理

8月底至9月初是北京市草莓定植的主要时期。土壤消毒结束后，经过晾晒过程，8月初各园区陆续开始整地、施肥、作畦、洇畦、定植等工作，进入一个新的草莓生产季。

（一）种苗选择

优先选择品种纯正，植株完整、无病虫害、具有4～5片以上的功能叶片，新茎粗度在0.8厘米以上，叶柄粗，根系发达，具有较多的新根，多数根长在 6 厘米以上，最好选用脱毒种苗。如果是订购的种苗，种苗到达园区后尽快定植，特别是裸根苗，避免长时间放置，造成种苗根系失水，死亡率增加。

（二）整地施肥

土壤消毒结束晾棚后，施底肥。肥料的种类很多，选择肥料时一定要考虑土壤的肥力、栽培作物的种类等，做到因土、因作物平衡施肥，才能达到高产、优质、高效的目的。草莓生产中，一般应该遵循以下原则。

1. **重施有机肥**　使用的肥料应是在农业行政主管部门已经登记或免于登记的肥料。限制使用含氯复合肥。禁止使用未经无害化处理的城市垃圾。在施肥中应该注意以下两点：一是根据草莓的需肥规律和土壤供肥能力，进行平衡施肥；二、施肥应以有机肥为主，化肥为辅。

2. **坚持基肥和追肥相结合，追肥必须根据草莓的需肥规律进行**　草莓生长结果期较长，需肥量较大，每生产 1 000 千克草莓果实需要氮（N）13.3 千克、磷（P_2O_5）6.7 千克、钾（K_2O）13.3 千克。氮肥施入要适量，因为其主要作用是促进形成大量的叶片和匍匐茎，加强营养，增大果个。如果氮肥使用量大，易造成草莓苗徒长，不利于花芽形成，病害加重，果实风味变淡。磷肥促进花芽分化和提高坐果率，钾肥促进成熟，提高含糖量，改善草莓品质。因此，草莓的施肥原则是根据草莓不同生长期针对性施肥。

3. **施入生物菌肥**　微生物菌肥由于含有大量的生物菌，通过微生物菌肥的活动，不但可以改善土壤的理化性状、提高土壤有机质含量，而且具有解钾、释磷、固氮的功能。微生物菌肥施入土壤会很快增殖形成群体优势，分解土壤中被固定且植物不能吸收利用的氮、磷、钾，固定空气中游离的氮供植物吸收利用。

微生物菌肥可以基施，也可以追施，但在使用时应该注意，最好是现开袋现用，一次性用完。应选择阴天或晴天的傍晚使用此类肥料，并结合盖土、浇水等措施，避免微生物肥料受阳光直射或因水分不足而难以发挥作用。避免与未腐熟的农家肥混用，会因高温杀死微生物，影响微生物肥料肥效的发挥。同时也要注意避免与过酸过碱的肥料混合使用。大多数微生物肥料是依靠微生物来分解土壤中的有机质或者难溶性养分来提高土壤供肥能力，固氮菌的固氮能力也很有限，仅仅靠固氮微生物的作用来满足作物对氮素的需求是远远不够的。因此，不要减少化学肥料或者农家肥的用量。要保证足够的化肥或者农家肥与微生物肥料相互补充，以发挥更好的效益。营造适宜的土壤环境，使得微生物肥料的作用能够充分发挥。

底肥均匀撒入温室后，深翻 30 厘米以上，整碎土块，耙平地面，然后进行棚室降温，土壤造墒，在起垄前早晨或傍晚撒施菌肥，菌肥可以根据需要和菌肥的使用方式选择和使用。旋翻后按规范要求起垄，通常垄面上宽 40～50 厘米，下宽 60～70 厘米，垄沟宽 20 厘米，沟深 25～30 厘米。

（三）定植前准备

1. **铺设滴灌管**　起垄后，在垄面上铺设滴灌管。

先根据出水口的位置，供应水源的压力决定田间主管的布置方式，最好把田间主管安置在温室的前脚，以免人员走动触碰变位，最好在每条垄上接主管应用旁通开关阀，以方便调压和检修。

土壤种植可以选择一条滴灌带或滴灌管即可，根据土壤理化性状选择滴孔间距，土壤保水性越差，选择的滴孔间距越小，通常为 10 厘米或 20 厘米。基质栽培选择两条滴灌带或滴灌管，根据供水压力滴孔间距控制在 20 厘米以下，5 厘米以上。

田间主管和滴灌带或滴灌管安装后一定要固定好位置。

滴灌设备安装好，需要对滴灌设备进行检查，检查滴灌管是否有堵塞、开裂。发现问题及时修补或更换。这个工作可以与洇畦同时进行。

2. **悬挂遮阳网**　在草莓定植移栽前，选用遮阳率在 75% 的遮阳网，悬挂在草莓温室的棚膜外，以降低棚室内温度和光照强度，为定植营造良好环境条件。

3. **洇畦造墒**　合适的土壤湿度对于草莓的成活非常重要，因此必须在草莓定植前 1～2 天洇畦造墒。洇畦可以采取管浇或滴灌的方式进行。管浇的方式，在移动的水管出水口安装 1 个淋浴的喷头，调整好水量后进行逐垄缓慢移动喷洒；滴灌方式，先将 1 条或 2 条滴灌带或滴灌管（条数根据需要定）固定在垄面上，保证滴灌管（或带）顺直，出水正常，然后再进行间隔性滴灌。间隔性滴灌，即先打开阀门，开小水，使水慢慢滴在垄面上，大水容易冲毁垄形。待垄面出现明水，即停水，等水自由下渗后再打开阀门，直到垄面明水不再下渗，垄两侧湿润即为洇好。定植时土壤含水量以 50%～60% 为宜，土壤"湿而不腻"，用花铲挖定植穴，土壤湿润但不形成泥浆就可以定植了。如果土壤水分过多，需要揭开遮阳网，晒畦通风，如果畦面干燥，在畦面少量喷水即可。

4. **其他准备**　在草莓种苗定植前，还要做好人员、工具和药剂等准备。人员要满足草莓定植需求，一是定植人员一定要有定植经验，这一点很重要，定植水平直接影响草莓成活率、缓苗时间和后期生长；二是定植人员要做好分工，捡苗、消毒、移栽、浇水，要做到密切配合，流程顺畅。工具包括栽苗器、花铲、水管等。药剂一般是指草莓种苗消毒所用的广谱性杀菌剂。

（四）定植

1. **修苗捡苗**　准备个阴凉避风的场所，用于存放草莓苗，完成修苗和捡苗。为减缓草莓根系失水速度，可以在草莓根系上覆盖一层湿草帘。修苗和捡苗的过程要快速，并随捡随定植。修苗时，首先将种苗的老叶、病叶和匍匐茎摘除，摘除时，如果匍匐茎较粗，可以留 3～4 厘米长后剪断，避免出现大的伤口。同时剔除病苗、无心苗和无根苗。修苗后，进行种苗分级。生产上通常按照根茎的粗度进行简单分级，一般分为根茎粗在 1.0 厘米以上、根茎粗 0.8～1.0 厘米和根茎粗 0.6～0.8 厘米的三级。不同级别的种苗分开定植，使用不同的投入品和相应的生产管理技术。

2. **种苗消毒**　裸根苗定植之前，可先用水管冲洗根部，一方面能为根系补水、散热，另一方面冲洗掉部分种苗携带的病菌；冲洗之后，种苗可用25％嘧菌酯悬浮液3 000～5 000倍液蘸根2～3分钟，然后将整株种苗侵入药液中5～10秒钟，提起，沥干水分，准备定植。

3. **栽植要求**　选择在晴天下午或阴雨天栽植。

大垄双行的定植方式，采取三角形（"品"字形）栽植。依据品种的开展度和长势，确定株行距，通常株距在15～22厘米。每亩定植8 000～10 000株。植株距垄沿10厘米，小行距20～25厘米，弓背一般朝向垄沟，花序向外抽出，果实垂挂在垄侧，有利于通风透光，方便疏花疏果和果实采收。

定植的深度要求"上（深）不埋心，下（浅）不露根"。定植过浅，部分根系外露，吸水困难且易风干；定植过深，生长点埋入土中，影响新叶发生，时间过长引起植株腐烂死亡。

种苗栽植时，要将土壤压实，使草莓根系与土壤充分接触。土壤未压实，导致种苗根系直接与空气接触，会影响新根生长，加速根系老化，从而延长缓苗时间，降低其成活率。针对土壤未压实问题，浇定植水后，观察种苗根部，若出现较大气孔需及时补充土壤压实。栽植后，要随手将周围的土壤抚平，避免在种苗定植后出现一个个坑穴，种苗在坑穴中，虽然栽植时根茎与土壤表面持平，但随着浇水，土壤滑到坑穴中，依然会出现埋心的现象。

（五）定植后管理

1. **水分管理**　栽后立即浇透定根水，使种苗根系与土壤接触紧实。可以边定植边用管子浇，用管子浇水时，可在管子前面绑上一个旧的手套，保证水能柔和地流出，避免大水刺苗，溅起的土壤蒙住苗心，影响种苗缓苗和成活。草莓定植时正值天气较热时期，草莓容易出现萎蔫现象，可以在定植后采用微喷补水，降低温度、提高湿度，利于草莓种苗成活。定植后第二天，检查种苗根系是否与土壤接触紧实，如果发现不紧实，可以再用管子补水，如果已紧实，可以改为滴灌浇水，一般在早上9时左右和下午5时左右，浇

2次，每次15～20分钟。3天后，逐渐减少浇水次数，如果草莓植株在下午撤掉遮阳网后萎蔫程度较轻，下午即可不浇水，适当控制水分，只在上午8～9时，浇水1次，20～30分钟，下午不浇水。待新叶发出，草莓缓苗后，继续控制水分，浇水间隔适当延长。

2. **遮阳网管理**　定植时，遮阳网要全覆盖，第二天，遮阳网可以适当提起，遮阳网下面离地面的高度在40厘米左右，保证温室内的通风。3天后，遮阳网提起到距离地面1米左右高度，种苗若出现萎蔫现象，可以适当回落。时间可逐渐缩短到上午11时至下午2时。遮阳网在晚上要全部撤去。7天后，撤去遮阳网，种苗出现轻度萎蔫现象也不要紧。

3. **检查定植情况**　定植后，经常检查定植和缓苗情况，对栽植浅的植株要及时覆土，栽植较深的，在定植后尽快提苗。提苗要轻，力量过大会导致种苗根系断裂，影响成活率。或者用铁丝等将草莓周围的土挑开露出草莓心。等缓苗结束后，再结合中耕进一步调整。

草莓定植前施入底肥过量或使用未腐熟的有机肥，易导致定植后烧苗，若有烧苗现象出现，需加大浇水量，一方面降低地温，另一方面使多余养分沉降，改善土壤环境。

4. **植株整理**　草莓定植后至缓苗结束前，切勿整理种苗，此时新根刚生成，根系较弱，植株整理易伤根，从而影响种苗生长；同时植株整理产生伤口易造成病虫害侵染，从而降低种苗抗性。若发现带病叶片，可用剪刀从叶柄2/3处剪断，不能直接劈掉叶片。

定植后，剩余的草莓苗可以假植在营养钵中，留补苗备用。

（六）关键技术点

1. **定植深度**　定植深度是保证定植成活率的关键，严格遵循"上（深）不埋心，下（浅）不露根"的原则。

2. **定植方向**　定植方向的确定与后期草莓的管理息息相关。畦面宽在40～50厘米，双行定植的模式下，弓背朝向垄侧便于管理，单行定植模式，可以考虑畦面结果或南向结果；畦面宽在

50厘米以上，可以考虑双南向结果或畦面结果。如果是畦面结果，需要在畦面垫上稻草（稻壳）或白色无纺布或专用垫板，避免畦面积水，影响果实质量。如果弓背朝向不一致，会给管理造成不便，需要人工调整花序的朝向，影响工作效率。

3. **定植水** 定植水一定要浇透，之后的水分管理也很重要。

4. **遮阳网** 遮阳网要及时揭放，长时间遮阳，温室内通风不畅，会造成草莓苗腐烂死亡。

三、草莓种苗生产的田间管理

（一）水肥管理

进入8月后，虽然夜间温度较上一月有所降低，白天气温依然保持在较高的状态。对于基质育苗，由于子苗已经基本长满育苗槽（穴盘），日温高，植株蒸发量大，因此更需要注意补充水分。保持每天滴灌3～4次，以水分从基质中排出为宜，提供子苗生长所需。对于土壤育苗，每天滴灌1次，每次20～30分钟，可视天气情况增加或减少滴灌次数。此外要经常对育苗棚（地）进行巡视，防止滴灌设备堵塞等引起灌水不均而导致子苗萎蔫。对于已萎蔫的子苗，应当及时补充浇水，并对灌水设备进行检修调试，保证子苗水分供应。

为了促进子苗能够顺利进行花芽分化，确保定植后顺利成花，进入8月后，应当停止使用含氮肥料，使用富含磷、钾的肥料。可以每周喷施1次0.3%的磷酸二氢钾，也可选择其他磷钾肥使用。对子苗进行遮阳，减少日照也可以促进其花芽分化。可以在定植前25天左右，使用50%～60%遮光率的遮阳网对子苗进行遮阳处理，2周后撤掉遮阳网进行正常光照直至定植。有条件的可以利用冷库进行草莓种苗的夜冷处理，促进花芽分化。对其匍匐茎苗进行不同温度的夜冷处理，结果表明，甜查理草莓在夜冷温度为10℃时，花芽分化需23天，果实盛熟期较对照提前24天；枥乙女草莓在夜冷温度为12℃时，花芽分化需25天，果实盛熟期较对照提前26天。

（二）植株整理

此阶段要加强对子苗的管理。及时摘除老叶和病叶，保证子苗在 4 片叶左右。对于之前剪下的干枯叶柄也一并摘除。植株整理后，要立刻喷施一次广谱杀菌剂对病害进行预防。

（三）起苗

根据北京地区的气候条件和种植习惯，8 月中下旬开始要陆续起苗定植了。起苗标准为四叶一心，新茎粗不小于 0.6 厘米，须根不小于 6 条，根长不小于 6 厘米。

起苗前 2 天喷施一次广谱杀菌剂，前 1 天停止灌溉，防止基质水分含量过大影响运输。起苗时，将子苗从育苗槽（穴盘）中拿出，尽量保留基质，一层一层的在纸箱或筐子中摆放整齐，注意不要压住子苗。对于土壤育苗，视天气情况，在起苗前 2～3 天停止灌溉，使用耙子等工具将子苗挖出。起苗时尽量不伤根，保留较多的根系。起苗后，尽快将种苗移到阴凉处或专业厂房，进行种苗整理，剔除病苗、无心苗和无根苗，然后打捆、入库。通常将商品苗按 50 株或 100 株打捆，装入内衬薄膜的纸箱中，每 500 株或 1 000 株一箱，盖上薄膜，封好箱。放入 0～5 ℃的冷库中预冷 24 小时，避免存放和运输过程中产生内热，造成伤苗，降低成活率。

如果在苗圃地周围使用或者生产园区内自育种苗，可以在定植准备工作完成后，再起苗定植。

（四）运输

将包装好的子苗装车（飞机）运输。如果运输时间较长，最好能够冷藏运输。经过运输的子苗应当尽早定植，保证其成活。

第十三章

草莓 9 月管理技术

一、9 月北京地区气候

北京市 9 月的平均气温为 19.2 ℃，最高气温平均为 25.4 ℃，最低气温平均为 13.9 ℃。9 月累积日照时数为 210.8 小时，平均每日的日照时间为 7.0 小时，日出至日落的时长为 13～11.5 小时。平均降水量为 54.1 毫米。空气相对湿度平均为 70.1%，最低平均为 42%。

二、草莓果品生产的田间管理

（一）温湿度管理

9 月的天气，白天 20～30 ℃，夜晚 10～20 ℃，适合草莓种苗的生长，而日光温室还没有扣棚膜，温湿度基本和外界相同。

（二）水肥管理

定植后，如果遇到雨天，棚室内积水，要及时排水。如果棚室上还覆盖有遮阳网，应把遮阳网揭起，避免雨水在遮阳网上汇集后滴下，破坏畦面。下雨天，要注意畦面的干湿状况，如果发现有干燥的地方，要及时浇水。

草莓种苗期，需肥量少，可在 2 片新叶展开后，亩施用氮、磷、钾比例为 20：20：20 的全水溶性复合肥 1.5 千克，浇水 1.5～2 米³，促进植株生长。9 月中下旬，为促进花芽的发育，减少氮肥的施用，亩追施磷酸二氢钾1千克，浇水1～1.5米^3。在根部追肥的间隔还可进行根外施肥，视植株的长势，叶面喷施0.3％磷酸二氢钾、0.2％～0.3％硼砂等肥料。

（三）病虫害管理

草莓缓苗后进行一次植保工作，喷施广谱性杀菌剂进行病害预防。之后，密切关注有无草莓白粉病、根腐病的发生和地下害虫与菜青虫等的危害，及时处理。

（四）植株整理

1. 及时补苗　补苗的工作很关键，全苗是草莓高产的基础。补苗分几个阶段，草莓苗定植3天后，在萎蔫的苗旁边补种1株；如果发现草莓叶片呈深绿色，叶片边缘干枯，就拔掉重新种植。如果在缓苗后，个别种苗因为病害等情况死亡，可以挖出这株苗，补种定植后假植在营养钵里的草莓苗，如果时间间隔较长，或补苗较多，已无可补种的草莓苗，可以选留就近植株的匍匐茎苗，引压在死亡种苗的位置上。补苗要及时，否则影响草莓长势，长势不整齐会给日后的管理造成困难。补苗最好在下午5时左右进行，这时温度降低、光照减弱，利于成活。

2. 去老叶和匍匐茎　草莓新叶长到3～5厘米时，可以将枯死叶片和烂叶去掉，叶柄较粗的叶片可以留10～20厘米长叶柄后剪掉。草莓缓苗后，种苗根系还没有扎牢，在去老叶的时候，最好一只手扶住草莓根茎部位，固定植株，另一只手抓住老叶，连叶鞘一同劈下，之前留下的叶柄也去掉。植株上发出的匍匐茎应尽早去掉，如果有补苗的需要，可以在缺苗或生长不好的种苗附近留几条匍匐茎，准备补苗。遇到种苗稀缺，希望自己育苗的情况，可以留取少量健壮匍匐茎，压苗在营养钵中，作为第二年种苗繁育的母苗。

（五）中耕除草

1. 及时除草　草莓定植后，畦面长期处于湿润状态，利于杂草生长，杂草长出要及时拔除，否则待杂草根系长大再拔除会破坏畦面。以后可以结合中耕进行除草。

2. **中耕** 草莓缓苗后，进行第一次浅中耕，中耕深度 2～4 厘米，不宜过深，避免伤及草莓根系。之后每隔 7～8 天即可中耕 1 次，随着中耕一并除草，同时去掉种植过深的种苗周围的土，露出生长点，对于种植较浅的草莓进行根部培土，保护草莓根系，促进根系生长。中耕松土应选择在降雨或者浇水后，表土不干不湿的时机进行。土壤干旱时进行中耕，容易形成大的土壤颗粒，使草莓根系裸露，造成草莓根系干枯、死亡。

3. **补畦** 草莓定植、浇水过程都可能造成畦面的损坏，需及时修补。修补时要注意，在土壤含水量较大时暂时不要修补，否则修补的地方会严重板结，影响土壤的透气性；土壤较干的时候也不利于补畦；在土壤含水量达 60% 左右，用手攥成团、松开手不散团、落地散团的情况下适宜补畦。如果畦破坏较严重，露出草莓根系，及时用潮土覆盖草莓根系，不要将草莓根系长时间暴露在阳光下。然后逐层修补，不可大块大块地填堵。

（六）套种管理

1. **草莓套种水果苤蓝栽培模式** 棚室前脚的温度较低，草莓生长相对较慢，可以把前脚宽 50～60 厘米的土壤耙平，套种水果苤蓝或其他叶菜类蔬菜。高架基质栽培模式的棚室前脚有 80～100 厘米宽的土壤面积。草莓套种水果苤蓝采用育苗播种的形式，根据棚室前脚留出的面积大小，可定植 1～2 行。安装 1～2 根滴灌管进行灌溉施肥。8 月中旬进行育苗，9 月中旬移栽，株距 40 厘米。从第一年的 12 月可一直持续采摘到第二年的 3 月，和草莓的采摘期相结合的时间较长。

2. **草莓套种叶菜栽培模式** 可以在棚室前脚分期分批直播或移栽叶菜，在草莓生长期内持续采摘。

（七）关键技术点

一是及时补苗，保证全苗。

二是缓苗后及时施肥，加强管理，促进植株健壮生长。

三是中耕除草、补畦。

三、草莓种苗生产的田间管理

秋季定植草莓种苗，加强越冬管理，延长其生长期，增加匍匐茎抽生数量，是提高其繁育系数、增加单位面积繁苗量的技术措施之一。同时将繁育种苗定植时间提前，有利于平衡园区秋、春用工安排，节约春季用工，提高劳动效率。对于园区及小户育苗是很好的选择。

（一）苗地准备

土壤消毒：9月上旬，采用氯化苦对苗地土壤进行消毒。消毒前5～7天将苗地土壤浇透，待土壤相对湿度达到60％时，进行旋耕，清除田间植物残体及大的土块、石块。将氯化苦按照25～35千克/亩的用量，施入地下15厘米，之后迅速覆盖无损地膜。地膜四周用土、沙子等压紧，防止熏蒸药剂逸出。消毒时间7～10天。之后揭膜再次旋耕，晾晒7天以上。

（二）定植种苗

1. **母苗准备**　根据北京市草莓种苗地方标准（DB11/T 905—2012），选择纯度≥99％、无病毒、无病虫的原种苗，原种苗应当具有4个叶柄并1个芯，芯茎粗不小于0.6厘米，须根不少于6条，根长不小于6厘米。

2. **母苗定植**　定植时间为9月下旬至10月上旬。对于土壤育苗，定植前1天，按照定植的行距，开沟施入有机肥，并浇水，注意水要浇足浇透。根据品种繁育系数选择适当的株行距。一般母苗行距1米以上，株距35～40厘米，长50米、宽8米的标准大棚，一般可定植6～8行，密度1 000～1 200株/亩。定植时，先按照株行距挖好孔，将整理好的母苗放入孔中压实，保证基质与土壤充分接触，之后覆土固定。注意做到"深不埋心，浅不露根"。对于基质育苗，定植前先将基质浇透泡透，按照株距30厘米挖孔，再将整理好的母苗放入孔中压实定植。

（三）定植后管理

定植后浇足水。露地育苗，有条件的最好铺设滴灌带，每天浇水1次，保持母苗周围充足的水分，促进缓苗。缓苗后，根据天气状况和子苗生长情况，每3～5天滴灌1次，保证母苗生长。对于基质育苗，定植后1周，每天滴灌1～2次，促进缓苗。缓苗后每3～5天滴灌1次，促进其生长。

第十四章

草莓 10 月管理技术

一、10 月北京地区气候

北京市 10 月的平均气温为 12.2 ℃，最高气温平均为 18.7 ℃，最低气温平均为 6.7 ℃。10 月累积日照时数为 207.7 小时，平均每日的日照时间为 6.7 小时，日出至日落的时长为 11.5～10.5 小时。平均降水量为 22.5 毫米。空气相对湿度平均为 61.4%，最低平均为 34%。

进入 10 月，日光温室草莓已完成定植及缓苗工作，草莓进入花芽分化时期，这段时期要注意在温湿度、水肥等方面进行综合的管理，注意病虫害的防治。

二、草莓果品生产的田间管理

（一）温湿度管理

当外界夜间气温降至 5～8 ℃时为温室草莓促成栽培保温适期（扣膜适期），一般多在 10 月中下旬。保温过早，则室内温度高，不利于腋花芽分化；保温过迟，则植株休眠，造成植株矮化，不利于正常结果。棚膜质量的优劣直接影响着温室的采光性能、保温性能和生产性能。因此，正确选择和使用性能优良、质量可靠的塑料薄膜对温室生产至关重要。选择使用聚乙烯膜（PE）、聚氯乙烯膜（PVC）、乙烯-醋酸乙烯复合膜（EVA）、聚烯烃膜（PO）均可，但应满足透明性良好、透光率高而稳定、保温性能好、无滴性能优良、长寿耐用、防尘性良好、加工工艺先进、操作性能良好、强度高、抗拉力强、延展性好等特点，厚度多为0.1～0.4毫米。上棚膜时应选择无风的天气进行，按照正反面的标记进行覆盖。覆盖完毕后应当及时用压膜槽、弹簧以及绳子固定。

棚膜安装后尽快安装保温被。保温被对草莓日光温室冬春季生产具有重要意义。选择安装保温被应注意：

最好选择外表面具有较好防水功能、而且耐老化的棉被；选择外保温层数多，且层与层之间有一定的空间，每平方米质量不低于2.5千克的棉被。

选择好合适的卷杆（最好是国标的厚度）和相配套的电机；棉被放下后与固定杆的距离应控制在1.8～2米，以达到升降棉被时的最佳的受力比。

棉被安装时应考虑到要压过两山墙；从西向东安装，第一块在最上面，然后留足合理的搭茬（3～5厘米，且压茬一定要固定好，防止松懈，造成夜间散温过快），后一块在前一块的下面，依次类推。从东向西安装，则反之。为了保证安装后达到最佳的保温效果，防止温室顶部夜间散温，可在安装棉被时把温室的后仰角也进行长期覆盖。

为了保证棉被能卷到最高点而不会卷过头，可由一个人在棚顶看好，在离最大限度接近20厘米时，在棉被的卷停部位用红漆涂一直线作为警戒线，卷被人在棚下看到警戒线即可停止卷被。

如遇雨、雪天气时，最好在下雪、雨之前把棉被卷起，以防棉被增大摩擦力而导致雪下滑慢，或下雨时棉被吸水过多，长时间后使棚架受力过大而压垮温室。

为了避免减少每年上下棉被的用工成本，可在不用时，选择晴好天气将保温被卷到棚顶，并用旧棚膜保护好，这样既能防止棉被老化、浸水，又可以解决上下与晾晒的成本；为了提高保温性能，可把上一年用过的旧棚膜放在棉被的下层，棚膜和棉被同时卷放，还有保护棉被的作用。

棚室白天保持在 26～28 ℃，超过 30 ℃要注意通风，夜间控制在 15～18 ℃，最低温度不能低于 8 ℃。进入花期后，分两个阶段进行管理，第一个阶段是从现蕾至刚开花，此时白天棚温控制在 25～28 ℃，夜间控制在 10～15 ℃；第二阶段是从第一朵花开花至坐住第一个果，此时由于花粉对温度很敏感，因此更应严格控制温度，既要保障授粉，又要避免产生畸形果，一般白天棚温最好保持在 22～26 ℃，最好不超过 28 ℃，否则会抑制花芽分化、影响花粉发芽，夜间最好保持在 8～12 ℃。注意：近期昼夜温差较大，白天需及时通风、降温、排湿，夜间需注意保温。

在草莓整个生长期内，在保证温度的前提下都应该尽量降低温室内的湿度，防止高温高湿条件下引起病害的发生和蔓延。开花期，应尽量控制棚室的湿度在 40%～50%，利于授粉的进行及花粉的萌发。主要通过风口进行温室环境的调节。

（二）水肥管理

1. **水分管理** 温室保温初期，由于温度高，尽管有地膜和棚膜覆盖，土壤水分的蒸发量仍然很大，容易造成土壤缺水。扣棚保湿后一般每隔 1 周就要浇 1 次水，以保证土壤有充足的水分。草莓开始现蕾后新叶不断抽生，如果水分不足，不仅生长受抑制，而且易发生肥料浓度障碍，因此应及时浇水。

判断种苗是否缺水可以通过以下两种方法：一是观察新叶是否充分展开。新叶作为优化分配生长中心，其生长状况能直接说明种苗是否缺水。新叶能充分、平整展开，叶缘无明显小茸毛，说明种苗不缺水；反之，新叶皱缩，叶缘有明显白色小茸毛，则说明种苗缺水。二是新叶是否吐水。新叶叶缘吐水，说明种苗水分代谢畅通，由于根系吸收水分较多，而清晨蒸腾拉力相对较小。适值秋季夜温低、湿度大，导致叶片内多余水分溢出凝结在叶缘形成吐水现象，此现象说明种苗水分充足。

2. **肥料管理** 草莓进入花芽分化期后，应加强肥水管理，控水控氮，防止植株徒长。根据植株长势、天气情况以及土壤情况随水追施，一般7～10天进行1次。从保温开始是草莓植株花芽分化开始到结果的时期，需要大量营养，可以根据情况追施一次磷酸二氢钾，促进花芽分化，或使用高磷、高钾肥料，一般用作叶部喷施，起效迅速，但并不是只能用于叶施，也可用于根施，但要掌握好肥液浓度，一般以0.2％～0.4％范围内比较安全，浓度掌握不好，浓度高容易引起"烧根"。

草莓对钙元素的需求量大，仅次于钾和氮元素。缺钙的原因可能有以下几方面的原因，一是施肥不均衡。由于元素之间具有颉颃作用。偏施氮钾肥，抑制对钙的吸收。二是土壤缺钙。土壤中的钙离子容易与其他阴离子形成沉淀，因此很难被草莓利用。三是根系吸收能力差。根系本身不发达或者连续的阴雨天气易造成根系吸收钙离子的能力下降。四是土壤干旱造成的。植物体内的钙靠蒸腾作用来运输，即通过蒸腾水流移动，干旱会引起钙随蒸腾流向地上部位的运输受阻。幼嫩部位和果实的蒸腾作用较小，对钙的竞争弱于叶片。因此，缺钙首先表现在新叶上，叶缘变黄并逐渐坏死，典型的症状称为叶焦病。缺钙还危害草莓植株的根、花和果实等。根系又短又少，根尖颜色变为棕色。花萼变焦枯，花蕾变为褐色。草莓果实会因为缺钙导致细胞壁变薄，果实发软，严重影响品质。注意水分平衡，避免出现缺钙症状。出现缺钙症状要根据不同原因进行调节。

（三）病虫害管理

1. **白粉病**　10月下旬为温室草莓白粉病容易发病的时期，在高温高湿下发生严重，这时就要注意去除老叶、病叶与无效花序，保持植株通透；及时观察植株长势，发病病叶及时摘除并带出温室集中处理，减少病原菌数量；可以使用硫黄熏蒸预防白粉病的发生，一般棚室内每100米^{2}安装1台熏蒸器，使用时注意密闭温室，每次使用3～4小时，每隔1天使用1次。如果发现已经感染白粉病，可选用醚菌酯、嘧菌酯、武夷霉素等药剂进行防治。施药时要注意几种农药的交替使用，以免产生抗药性。

2. 红中柱根腐病 草莓红中柱根腐病主要危害草莓根部，常见的有急性萎凋型和慢性萎凋型两种。急性萎凋型初期植株表现不明显，后期植株生长点忽然萎蔫，然后呈现青枯状，进而整个植株迅速枯死；慢性萎凋型定植后至冬初均可发生，下部老叶叶缘变紫红色或紫褐色，逐渐向上扩展，全株萎蔫或枯死。切开根部可以看到根部中央呈明显红色，与四周白色的根部组织区分明显，然后逐渐扩散至根茎部位，最终根部完全变为红褐色，腐烂。

红中柱根腐病为真菌性病害，以卵孢子在土壤中越冬，通过土壤、病株、水、肥料和农具等传染。菌丝生长温度为 5～30 ℃，最适温度 22 ℃左右。地温 10 ℃左右，土壤水分多时发病严重，造成毁灭性损失。发现病株后要及时挖走，集中销毁，对于挖走植株周围进行二次消毒后再补种，也可使用嘧菌酯等化学农药灌根进行防治。

3. 叶螨 叶螨是危害草莓的主要害虫之一，以二斑叶螨为主。通常以成螨、若螨在草莓叶背刺吸汁液、吐丝、结网、产卵和危害。受害叶片先从叶背面叶柄主脉两侧出现黄白色至灰白色小斑点，叶片变成苍灰色，叶面变黄失绿，危害严重时叶片枯焦脱落，植株矮小，生长缓慢。开花期受害，果实缩小硬实，形成畸形果。叶螨在棚室的枯枝、腐叶、土缝中或随种苗移栽进入棚室，当日平均气温 10 ℃以上成螨开始活动，日平均气温达到 16 ℃时雌螨开始产卵；刺吸叶片，田间呈现点片发生，再向周围植株扩散；在植株上先危害下部叶片，向植株上部叶片蔓延，在叶背拉丝结网躲藏，喜群集叶背主脉附近吐丝结网，于网下危害；可借风力及人员活动扩散传播；世代交替危害，防治不及时极易蔓延暴发。

经常观察叶片的颜色变化，发现叶面上出现白色或灰白色小斑点时，翻看叶背，发现叶螨，要及时摘除老叶病叶并带出温室销毁，减少虫源传播，注意及时浇水，避免干旱。在叶螨发生初期，利用捕食螨控制叶螨的发生、发展、蔓延。在释放捕食螨前尽量压低叶螨的基数，用 99%矿物油 200 倍液，加 1%苦参碱·印楝素 500 倍液或 1.8%阿维菌素 2 000 倍液进行虫害防治，在药后 5～10 天时释放捕食螨，能较好控制叶螨的危害，并兼治粉虱和蓟马等害虫。

不释放捕食螨，可采用 99％矿物油用水稀释 150～200 倍，加 1.8％阿维菌素 2 000 倍液进行喷雾，3～5 天防治 1 次，连续防治 2～3 次。

化学防治：采用 99％矿物油 200 倍液加 8％阿维·哒乳油 1 500 倍液，或加 5％噻螨酮乳油 1 500 倍液喷雾，或加 43％联苯肼酯悬浮剂 2 000 倍液；3～5 天防治 1 次，连续防治 2～3 次，多种药剂交替使用效果更好。

4. **蚜虫**　温室草莓扣棚后由于温度较高，蚜虫发生较多。蚜虫多群居在幼叶、叶柄的背面吸食汁液，造成植株生长衰弱，匍匐茎伸长受阻，同时蚜虫排出的蜜露会污染叶片和果实，并使叶片卷缩，扭曲变形。蚜虫不仅自身危害草莓，更主要的是它可以引起草莓病毒病的发生，是草莓病毒的主要传播媒介，其传染的病毒所造成的危害损失远远大于其本身危害所造成的损失，因此必须严加防治。

及时摘除草莓老叶、病叶，清除温室周边杂草，减少虫源。在通风口位置设置防虫网；利用蚜虫对黄色的趋向性，悬挂黄色粘虫板防治蚜虫。

也可在蚜虫发生初期，田间释放瓢虫，每亩放 100 张卡（每张卡 20 粒卵），捕杀蚜虫。注意保护草蛉、食蚜蝇、蚜茧蜂等自然天敌。

不释放天敌的情况下，可选用苦参碱和吡虫啉等药剂进行防治，注意轮换用药。注意农药安全间隔期，以免产生抗药性和药害。注意：喷雾防治，要避开草莓开花期，而且用药时将蜜蜂搬出棚外。

（四）植株整理

1. **中耕除草**　覆盖地膜前，畦面很容易生长杂草，同时由于缓苗过程中经常浇水，造成土壤板结，土壤透气性变差，不利于草莓正常生长，因此在缓苗后覆膜前要进行中耕。使用小耙将畦面及畦间的杂草除掉，同时将草莓植株周围的土耙松，一般深度以 2～4 厘米，不要伤到种苗根系。中耕松土的同时，应注意修补草莓畦，保证草莓畦形的完整和畦面的平整，为铺设地膜创造良好条件。

2. **摘除老叶与匍匐茎**　在草莓生长过程中，应当及时去除匍匐茎、老叶及病叶。注意去除老叶时，应当在叶片开张、离层形成后进行；对于病叶，应当及时摘除带至棚外销毁，防止病害传播。根据整体生长状况，保留适量功能叶片，营养生长阶段 5～6 片叶，开花结果期 6～15 片叶。

（五）铺设地膜

一般扣棚膜后 7～10 天后就可以铺设地膜。铺设地膜有利于节水、提高土温、抑制杂草的生长。铺设地膜前注意适当控水，并选择晴天下午进行铺设，将植株控制在比较柔软的状态，避免折断植株。依据种苗的不同生长态势，可选择不同的铺设方式。对于长势中等的种苗，可以采用常规方法，将地膜覆盖在植株上，两头压紧，然后在苗的上方依次打孔掏苗，也可选用预先打好孔的地膜进行铺设，但这种方法要求草莓的株行距与地膜上的打孔位置相对应。对于植株比较大的苗，掏苗对植株的伤害较大，可以事先将膜裁成 3 块膜，其中第一块较草莓小行距略宽，其他两块宽度相同。将第一块铺在畦面上，两行草莓中间，另两块分别铺在两行草莓的外侧，与中间一块之间用订书钉或小夹子固定，这种方式对草莓苗无伤害。为了将草莓畦面和地膜紧密贴近，防止风吹起地膜，覆盖地膜后要适当浇水使草莓畦面湿润，便于地膜紧贴在草莓畦上。

（六）辅助授粉

10 月之后，草莓逐渐进入花期。草莓花序多，同一品种开花期集中，想要保证坐果率和果品质量，授粉工作就显得尤为重要。选用生命力旺盛、产卵力强的蜂群。在放蜂前 7～10 天，棚室内彻底防治 1～2 次病虫害，尤其是虫害。蜂箱放进后，一般不能再施药，尤其是杀虫剂。蜜蜂释放数量由大棚面积决定。一般 1 亩地放置 1～2 箱蜜蜂，数量在 8 000～10 000 只，按 1 株草莓 1 只蜜蜂的比例放养即可。保持出蜂口与草莓花在相对同一水平线上，这样充分利用蜜蜂的向光性及花瓣诱导，刺激蜜蜂出巢且出蜂多。

（七）关键技术点

1. **覆盖棚膜**　在温室草莓促成栽培保温适期及时扣膜保温。

2. **铺设地膜**　扣膜后 7～10 天，在种苗抽出花序之前，铺设地膜保温降湿。

3. **悬挂黄蓝板物理防虫**　利用蚜虫对黄色的趋向性，蓟马对蓝色的趋向性，悬挂黄色、蓝色粘虫板分别防治蚜虫和蓟马，温室扣棚膜后即可悬挂，悬挂位置在植株上方 10～15 厘米处，一般每亩悬挂规格为 25 厘米×30 厘米的粘虫板 30 片，25 厘米×20 厘米的粘虫板 40 片。一般黄色、蓝色粘虫板间隔悬挂。定期更换。

4. **病虫害防治**　花前期的病虫害防治工作尤为重要，将病虫数量控制在防治阈值之下，减少花果期病虫发生概率，减少花果期药剂用量，保证果品产量和质量。

三、草莓种苗生产的田间管理

秋植种苗缓苗后，视天气状况和土壤水分状况进行浇水，对于土壤育苗，每 10 天左右滴灌 1 次，对于基质育苗，根据基质水分和母苗长势，逐渐延长灌水间隔，每 5～7 天滴灌 1 次。注意棚室保温与通风，白天应在 25～28 ℃，温度过高可以打开两侧风口及棚门通风，夜间保持棚内温度不低于 10 ℃。缓苗后，喷施杀菌杀虫剂对种苗病虫害进行防治，此后每 7 天喷施 1 次，做好预防，注意每次轮换使用不同种类药剂。

第十五章

草莓 11 月管理技术

一、11 月北京地区气候

北京市 11 月的平均气温为 3.4 ℃，最高气温平均为 9.5 ℃，最低气温平均为 −1.5 ℃。11 月累积日照时数为 181.3 小时，平均每日的日照时间为 6.0 小时，日出至日落的时长为 10.5～9.5 小时。平均降水量为 8.8 毫米。空气相对湿度平均为 54.6%，最低平均为 30.4%。

北京地区，进入 11 月，天气会骤冷，雨雪频繁，气温下降幅度大，会出现 0 ℃以下低温天气。2012 年 11 月 2～4 日，华北地区出现暴雪天气过程，自 2012 年 11 月 3 日 8 时至 11 月 4 日 20 时，北京地区全市平均降水量 56.0 毫米，城区平均 62.0 毫米；最大降水出现在海淀凤凰岭 99.6 毫米，最大雨强出现在密云白河四合堂 3 日 21～22 时 15.6 毫米/时。北京 20 个国家站均突破有气象记录以来同期（11 月）极值。除顺义、平谷、密云、通州和怀柔南部始终为降雨外，其余地区均出现降雪天气，全市平均降雪量达 21.7 毫米，西部山区出现特大暴雪：延庆降雪量达 56.3 毫米，最大积雪深度达 47.8 厘米。同时降温显著，3 日 15～18 时大部分地区气温骤降 6 ℃左右。佛爷顶最高气温 −3.7 ℃，最低气温降至 −6.8 ℃。延庆树木倒伏 1.2 万株，部分日光温室倒塌，草莓出现冻害。

此时，草莓正处于开花结果的关键时期，务必做好草莓温室的保温管理，保证草莓的产量和品质。

二、草莓果品生产的田间管理

（一）温湿度管理

进入 11 月以后，日光温室已经覆盖棚膜、安装棉被。此时草莓生长在相对封闭的环境中，日光温室内温度管理十分重要，温度管理要根据日光温室内草莓苗的大小进行。温度管理"促小苗生长，控大苗生长"，即草莓苗偏小的在管理时温度要适当控制得高一些，缩短放风时间，以促进其生长，草莓苗偏大时，要适当降低管理温度，加大通风时间，适当控制其生长的速度。草莓花期对温度十分敏感，一般每日中午前后放风，放风口大小和时间应灵活掌握，尤其是寒冬遇阴雨雪天气，棚内湿度大，需排湿，但此时更需要保温，只能在中午短时间放风。进入 11 月，草莓苗生长日间温度控制在 $25\sim28\ ℃$ 为宜，夜间温度控制在 $6\sim8\ ℃$ 为宜，超过 $30\ ℃$ 花粉萌发率降低，夜间温度降到 $0\ ℃$ 以下雌蕊会受冻害。冻害使草莓的光合作用、呼吸作用、蒸腾作用等生理过程受阻；使细胞原生质脱水造成"细胞干旱"，严重的还会枯死。根部受冻，侧根、根毛由白变黄转褐色，吸收养分功能减弱；花蕊和柱头受冻后柱头向上隆起干缩，花蕊变黑褐死亡，幼果停止发育干枯僵死。棚室温度较高，植株已经开花，这时如果有寒流来临，冷空气突然袭击骤然降温，即使气温不低于 $0\ ℃$，由于温差过大，花器抗寒力极弱，不仅花朵不能正常发育，往往还会使花蕊受冻变黑死亡。草莓冻害防治可采用加强覆盖、临时性加热等措施，如已经遇到冻害，则可采用灌水保温、清除受冻花果等措施进行缓解。

（二）光照调节

在冬季草莓生产过程中，经常会出现连阴天气，加上近几年的冬季雾霾天气，导致草莓生长所需光照不能被满足。出现上述天气后，会导致日光温室内出现空气温度降低、光照强度降低、空气湿度增加等不利于草莓进行光合作用的环境条件，当这样的环境条件持续几天后，会出现坐果率降低、畸形果增多、幼果不膨大、草莓生长速度降低、病害发生率增加等现象，影响草莓的品质和产量。

连阴天气草莓的光照管理具体操作如下：

1. **增加透光时间** 在连阴天气出现时，可根据天气情况，在上午 10 时至下午 2 时这段通常情况下温度较高的时间段，在揭开棉被时棚室内温度不会降低至发生冻害的温度，即可揭开棉被，增加透光时间，保证植株生长。

2. **增加温度** 可在夜间对日光温室进行加温，适当增加棚室温度，但不宜过高，夜温控制在 6～8 ℃为宜，温度过高会加快夜间养分消耗，影响草莓生长。

3. **增加光照** 可进行人工补光，具体操作方法如下：可在日光温室内安装规格为 400 瓦的农用钠灯对植物进行补光，间距 1.5 米进行 Z 形安装，即在棚室内双排安装，两排之间错开位置，使光照可以均匀分布到每个植株上。补光灯主要对植物进行红光光谱和蓝光光谱的补充。在连阴天、雾霾天等极端天气，光照条件较差的白天时间段均可进行补光，平衡的光谱分布和高光输出量可使草莓在连阴天等极端天气条件下正常生长。

4. **降低湿度** 在草莓畦上及地面铺设地膜，安装滴灌进行浇水，降低棚室内湿度，也可收集洁净的秸秆、落叶等，将其铺在畦间，吸收日光温室内的水分，同时在白天吸热，夜间释放热量增加日光温室内温度。

5. **天气转晴** 当连阴天后，天气突然转晴，此时要注意不要立刻揭开所有棉被，应先将棉被揭开 1/3，待草莓适应该光照强度后，再将剩余 2/3 棉被揭开，防止草莓突然受强光照射出现萎蔫。

（三）水肥管理

进入开花期后，要特别注意补充叶面肥，以调节草莓的生长。一般进行叶面喷施碧护、磷酸二氢钾，每隔 5～7 天对叶面喷施 1 次。

叶面肥为高浓度营养液，因此使用时需要严格按照说明的稀释浓度进行，叶面肥稀释倍数计算方法如：规格为 300 毫升的草莓专用叶面肥，要求稀释 800 倍，即为 0.3 升×800＝240 升，加清水量为 240 千克搅拌均匀即可。

在花期使用叶面肥前，要注意将棚室内的蜜蜂关进蜂箱移出至棚室外，保证叶面肥对蜜蜂不会造成影响，待使用后 3 天再将蜂箱移回棚室内。喷施过程中，要注意尽量不要喷施在花朵上，喷施时间不要选在雨天、天气寒冷和中午高温强光下喷施，会影响草莓对叶面肥的吸收。

开花结果期，植株对磷、钾肥的需求较迫切，但必须结合施氮肥，以防止植株早衰，增加中后期产量。还要注意不要施用过量，防止只长叶子不开花。由于根层集中在 15～20 厘米土层，小高垄栽培易缺水，注意结合施肥补水。浇水选择晴天上午进行，避免下午浇水引起土壤温度变低导致夜温变低，不利于草莓生长。浇水前可通过观察土壤状况确定是否要浇水。如果土壤不容易攥成团或成团后很容易散开，说明需要浇水。如果草莓苗清晨吐水说明水分充足，生长旺盛，不需要浇水。浇水不应太勤，每次应浇透。11 月，草莓追肥可分别于开花前、果实膨大期、侧花序发生期、侧花序结果期追施，施肥尽量选择优质水溶肥，并每隔 7～10 天叶面喷施 1 次叶面肥，保证肥水供应充足。

（四）植株整理

1. **叶片管理** 在日常管理中，要注意及时将老叶、黄叶、病虫叶摘除，降低病虫害的发生，改善通风透光条件，促进草莓苗生长、顺利开花坐果。在开花期前，建议适当摘除叶片，以利于花芽吸收养分，促进花芽分化，保持每株有 5～6 片健壮的叶片。开花后，不建议对草莓苗进行打叶，以保证植株养分的供应，保证顺利坐果。

2. **摘除匍匐茎** 对于生长过程中产生的匍匐茎，要及时摘除，减少不必要的养分消耗。

3. **疏花疏果** 根据草莓品种不同，开花时间也不相同。建议尽量做到疏花不疏果，尽量避免坐果后疏果浪费植株养分。疏花的原则是疏去高级次小花、弱花。适度疏蕾，可促使单果重增加，使果个大小均匀，成熟期提前，提高果实品质。结果后，将畸形果、病果、小果疏掉即可。11 月下旬第一批果陆续成熟。

（五）病虫害防治

进入 11 月，要注意防治草莓灰霉病、白粉病、蚜虫和叶螨等对草莓的危害。

1. **灰霉病** 病菌在潮湿和 25 ℃左右时最容易发病，坐果期与采收后期发病最为严重。

及时清除枯叶、老叶，为通风透光创造条件，防止草莓生长在低温高湿的环境里。用药最佳时期为草莓第一花序 20％以上开花和第二花序刚开花时。可使用 50％啶酰菌胺水分散粒剂等药剂防治。

2. **白粉病** 开花前是防治白粉病的关键时期，要保证植株水分供应充足，降低白粉病的发病概率。白粉病发生后，可使用乙醚酚、嘧菌酯、氟菌·肟菌酯、苯醚甲环唑等喷施，也可使用硫黄熏蒸法进行防治。药剂防治时注意药剂的交替使用，以提高防治效果。

3. **蚜虫** 及时摘除老叶、铲除杂草，保持棚室内清洁。可采用药物防治和生物防治等多种途径进行蚜虫的防治。

4. **叶螨** 及时摘除老叶、病叶，加强水分管理，保证植株水分充足。定期释放智利小植绥螨和加州新小绥螨进行防治，抑制叶螨的大量发生。

（六）技术关键点

1. **保温增温** 检查棚室的保温效果，夜温控制在 6～8 ℃为宜，预防突发的低温危害，做好应对准备。

2. **完成地膜铺设的收尾工作** 在 10 月未完成地膜铺设工作的，尽快完成。完成地膜铺设的要检查地膜是否与畦面贴紧，是否有花序或叶子未掏出，避免花序抽生在膜下，花朵不见光且不能授粉而成为无效花，甚至感染灰霉病，不利于整个植株的生长。

3. **补光** 为应对连阴天对草莓生产的影响，要在增加透光时间的基础上，做好补光准备。

4. **密切关注缺钙现象的出现** 管理不当，还会出现植株缺钙现象，要注意调节水肥供应，补充钙肥。

三、草莓种苗生产的田间管理

进入11月后，气温逐渐降低，放风后及时关闭风口及棚口，保持棚室内温度。11月中旬，当夜间棚室内温度降低至−5～8℃时，就需要覆膜了。覆膜前1天，先对种苗进行一次药剂防治，然后浇足浇透冻水。选用完整无漏的塑料膜覆盖在草莓苗上，注意塑料膜边沿要用重物压实，确保密不透风。之后关闭棚室，准备越冬。越冬过程中要经常检查棚膜和室内塑料膜的密封情况，棚膜如有破损，要及时修复，覆盖的塑料膜要保证压实。如果出现漏风，冬季大风可将草莓茎叶吹干，造成草莓种苗死亡。

第十六章

草莓 12 月管理技术

一、12 月北京地区气候

北京市 12 月的平均气温为 −2.9 ℃，最高气温平均为 2.8 ℃，最低气温平均为 −7.4 ℃。12 月累积日照时数为 176.1 小时，平均每日的日照时间为 5.7 小时，日出至日落的时长为 9.5 小时。平均降水量为 2.1 毫米。空气相对湿度平均为 48.4%，最低平均为 27.9%。

进入 12 月，北京市平均气温低于 0 ℃，要预防气温骤降给草莓生产带来的危害。2012 年冬季（2012 年 12 月至 2013 年 2 月），北京地区平均气温为 −5.2 ℃，比常年（1981—2010 年）冬季的平均气温 −3.1 ℃偏低 2.1 ℃之多，是 1986 年以来的最低值。其中，2012 年 12 月平均气温为 −6.4 ℃，比常年偏低 3.5 ℃，是北京地区自 1951 年有气象记录以来的最低值。12 月的持续低温，也成为导致后期雾霾频发和冻雨的重要原因。当季草莓上市期延后了 20～30 天。

二、草莓果品生产的田间管理

（一）温湿度管理

草莓果实膨大成熟期受温度影响较大，若如果温度过高、湿度过大，会造成浆果小、质量差；温度过低，草莓生育迟缓，容易冻坏浆果，商品价值降低，延迟上市时间。据日本伊东研究表明，昼夜温度保持在 9 ℃时，果实发育期可长达 102 天，果实生长最大。在 30 ℃条件下果实的发育期只需 20 天，果实小。温度是白天控制在 20～25 ℃，夜间 6～8 ℃。湿度可控制在 60％左右。要注意降湿应以先保温为原则。长日照和较强光照可以促进果实的成熟，强光照配合低温管理能够提高果实的品质，生产的果实香味浓郁。

12 月以后温度逐渐变冷，温室草莓易受到极端天气灾害影响如连续雾霾天、暴雪天等。对这些极端天气灾害可以通过以下方式进行应对：

1. **连阴天或连续雾霾天**　温室多日无法接收太阳的光辐射，温室储藏热量减少，连续夜间低温，就容易发生冻害，如在花期则造成果实畸形。对于这种情况，所采取的措施是：安装补光灯，增温补光，内扣塑料薄膜保温，或安装加热风机加热。也可以在夜间点燃加热燃烧块，但要注意对蜜蜂的影响。

2. **连阴天后骤晴**　连阴天后一旦晴天，光照很强，温度骤升，草莓植株水分蒸腾加快，而根系吸收水分慢，就会叶片出现萎蔫。可以在萎蔫出现后或中午前后，将棉被放下离地大概 1 米左右，并为草莓进行浇水，待叶片恢复伸张状态或午后再卷起来棉被，如再次出现萎蔫时再放下棉被，反复几次，直到不再萎蔫为止。萎蔫较重时，可以向叶片喷清水，以利于恢复正常状态。

3. **暴雪天**　一般暴雪天气可以在暴雪来临前将棉被卷起，风口封严，有条件的可以在棚内覆盖一层地膜遮盖。暴雪过后再放下棉被，以免暴雪在温室棉被上堆积压塌温室，造成损失。

4. **大风寒流天气**　如遇冬季大风寒流天气，要注意风口的大小，大风天气可以在上午将风口拉开 30 分钟左右进行换气，然后关闭风口，如果温室内温度过高，再将风口拉开 30 分钟关闭风口，一般在下午 2 时以后就不要再打开风口，注意温室的保温，预防夜间低温冻害。

（二）水肥管理

草莓进入 12 月以后，从开花期到第一次收获草莓，一般需施肥 2～3 次。干湿相间,以利根系生长和发棵。维持土壤湿度,小水勤浇灌,随水间隔冲施适量高钾水溶肥,可促进果实膨大,提高果实的品质。可选用氮、磷、钾比例在 16：8：34 的高钾水溶肥,亩使用 3～5 千克,7 天 1 次。灌水追肥后以通风为主,降湿度,控病害。

日光温室促成栽培草莓,12 月至翌年的 2 月,由于保温的需要,棚室经常处于密闭状态,气体交换不足,造成二氧化碳的亏缺,影响草莓的光合作用,成为制约草莓优质高产的因素之一。在日光温室内增施二氧化碳能较大幅度刺激叶片叶绿素形成,使叶片功能增强,有利于二氧化碳的吸收和同化;进而,促进草莓植株的生长发育,加速果实的成熟,增效果明显。适宜的二氧化碳浓度为 0.07%～0.1%。

可以使用袋式二氧化碳气体发生剂,包括二氧化碳缓释催化剂(小袋)和二氧化碳发生剂(大袋)两部分,使用时将二氧化碳缓释催化剂倒入二氧化碳发生剂袋中,充分混匀,封闭袋口,按照带上的标示,在袋上打 4 个孔,之后均匀吊挂在棚室内,每亩 20 袋,吊挂在植物以上 50 厘米处。在白天阳光照射下,袋式二氧化碳气体发生剂可自动产生二氧化碳气体,晚间无太阳光则不产生或少产生。

在田间使用过程中,容易出现以下问题,要注意加以避免。

1. 二氧化碳缓释催化剂与二氧化碳发生剂混合不均　袋中可见白色缓释剂成分,二氧化碳发生量少,且出现严重的氨气味,会对草莓的生长造成一定影响。

2. 二氧化碳发生剂袋不打孔或不封口　二氧化碳发生剂袋上打孔后,二氧化碳会缓慢释放,持续供应草莓生长所需,不打孔或不封口均不利于二氧化碳发生剂作用的发挥。

3. 二氧化碳气体发生剂袋吊挂位置不妥　二氧化碳气体发生剂袋应均匀吊挂在温室内,挂在前脚或后墙处均不利于二氧化碳在整棚内的释放。

4. 二氧化碳气体发生剂更换不及时　二氧化碳发生剂的有效期一般 30 天左右,当二氧化碳气体全部释放完成,吊袋内只剩下少量黏土成分物质的时候，需及时更换二氧化碳发生剂。

如有条件，也可使用二氧化碳发生器，可快速提高棚室内二氧化碳浓度，针对性地满足关键时段草莓对二氧化碳的需求。

（三）病虫害防治

温室病害使用硫黄熏蒸罐进行定期熏蒸，一般每周1次，定期释放捕食螨防治叶螨的发生，每栋3瓶，每月释放1次。如有病虫害发生可选用化学防治：

1. **草莓叶螨防治**　草莓叶螨一年可以发生10代以上，世代重叠，周年危害，严重者可以毁园。在防治上避免草莓育苗期间干旱，注意及时浇水。叶螨多在植株下部老叶栖息，密度大，故随时摘除老叶和枯黄叶，可有效地减少虫源传播。农药防治可用43%联苯肼酯悬浮剂3 000～5 000倍液防治，防治效果较好。

2. **草莓蛞蝓的防治**　日光温室内土壤湿度与空气湿度较大，易发生蛞蝓与蜗牛危害，主要取食草莓嫩叶、新叶及果实。经过危害后的草莓叶片不完整，影响正常生长，果实上常常留下孔洞，并在果实表面形成白色黏液带，令商品性大大降低。危害较为严重。

蛞蝓与蜗牛在温室中周年生长繁殖和危害。5～7月在田间大量活动危害，入夏气温升高，活动减弱，秋季气候凉爽后，又活动危害。体壁较薄，透水性强，怕光、怕热，常生活在阴暗潮湿、含水量较多、有机质较多的土壤内。对低温有较强的耐受力。

防治蛞蝓，首先做好园区和棚室内的清洁，破坏其生长环境；在作物基部撒石灰，蛞蝓与蜗牛爬过时，会因身体失水而亡；可使用除蜗灵颗粒，每0.5～1米放几粒，对其进行诱杀；利用蛞蝓喜食新鲜幼嫩蔬菜的特征，使用新鲜蔬菜诱杀蛞蝓是安全有效的方法。具体操作时，可在傍晚前，将新鲜、幼嫩的菜叶放置在蛞蝓易聚集的地方，第二天早上6时前人工捕捉并进行集中杀灭，数量较多时，可在大清早连同菜叶一起带出棚外，用食用盐、生石灰或草木灰等进行混合深埋，令蛞蝓失水而死亡。

3. **草莓灰霉病**　如寒潮频繁、阴雨连绵天气、大棚内空气相对湿度 90％以上、田间积水、种植过密、通风换气不当等，都会加重该病的发生和蔓延。因此，严格掌握棚室内的温度、湿度是防止草莓灰霉病发生的主要措施之一。草莓进入开花期至果实膨大期，白天温度在 23～25 ℃以上，夜间在 6～8 ℃以上时，尽量延长放风时间，使大棚内空气相对湿度保持在 60％～70％。摘除病残果、叶，减少病原菌的传播与再侵染。可用百菌清烟剂、速克灵烟剂等防治。

4. 草莓白粉病、根腐病的防治　在此阶段还要注意防治草莓白粉病和根腐病。

（四）缺素症防治

1. **缺氮**　老叶先表现症状。开始缺氮时，植株的叶片逐渐由绿向淡绿色转变。随着缺氮的加剧，叶片变为黄色，变小。幼叶或未成熟的叶片则反而更绿。老叶的叶柄可变为淡红色，叶色较淡或呈现锯齿状亮红色。开花减少，果实变小且过甜。补充氮肥可以缓解缺氮症状。

2. **缺磷**　缺磷植株的老叶深绿色，叶片正面出现金属光泽，背面略带紫色，叶脉呈现蓝色，果实变小，有的果实偶尔有白化现象。根部生长正常，但根量少，颜色较深。缺磷草莓的顶端生长受阻，明显比根部发育慢。叶面喷施 0.1％～0.2％的磷酸二氢钾 2～3 次，可缓解缺磷症状。

3. **缺钾**　缺钾植株的老叶变为紫黑色，干枯，而最幼嫩的叶片表现正常。变色开始于叶缘处，向叶基部发展，并影响叶脉间的组织。叶柄和叶片下部变黑，变干。缺钾植株的果实着色不全，无味。缺钾症状多出现在结果之后。补充钾肥可缓解缺钾症状。

4. **缺钙**　缺钙植株的叶片皱缩，顶端不能充分展开，焦枯。萼片尖端干枯，缺钙严重时，花不能正常开放、结果。根尖生长受阻，根系停止生长，根毛不能形成。果实不耐贮藏，品质下降。缺钙现象在草莓生产中较为常见。水分供应失调，长时间不浇水或突然浇大水，土壤湿度变化剧烈，使草莓根系吸水受阻，加上蒸腾量大，导致缺钙。小水勤浇可以预防缺钙，在草莓萌芽期、现蕾期、谢花后叶面喷施 3 次氨基酸钙 500 倍液可减少缺钙现象发生。发生缺钙症状后，连续喷施 3～4 次氨基酸钙 400～500 倍液可减轻症状。

5. **缺硼** 草莓早期缺硼表现为幼龄叶片出现皱缩和焦枯，叶片边缘呈黄色，生长点受伤害，根短粗、色暗，随着缺硼加重，老叶的叶脉间失绿或叶片向上卷曲。缺硼植株的花小，花瓣极小，授粉和结实率低，果实小，表面凹凸不平。根部变短粗，颜色变深。缺硼土壤（土壤中含硼量低于 0.1 毫克/千克，即为缺硼土壤）及土壤干旱时易发生缺硼症。草莓花期或幼果期叶面喷施 0.1% 硼砂水溶液 2～3 次，可缓解缺硼症状。注意叶片的正反面都要喷到。由于草莓对硼特别敏感，所以花期喷施浓度应适当降低。

6. **缺铁** 草莓缺铁的最初症状是幼叶黄化或失绿，随黄化程度加重而变白。草莓中度缺铁时，叶脉为绿色，叶脉间为黄白色；严重缺铁时新长出的小叶变白，叶片边缘坏死，或者小叶黄化，叶片边缘和叶脉间变褐坏死。缺铁的草莓植株根系生长弱。缺铁不会影响果实的大小和外观，但缺铁严重时草莓单果重下降，产量降低。碱性土壤或酸性较强的土壤易缺铁。当草莓植株表现缺铁症状时，及时向叶面喷施 0.1% 硫酸亚铁或 0.03% 螯合铁水溶液，7～10 天 1 次，连续喷施 2～3 次，选择在晴天的上午 10 时前或下午 4 时后喷施，以达到最佳的施用效果。

7. **缺镁** 缺镁植株的老叶边缘黄化、变褐焦枯，叶脉间褪绿并出现暗褐色的斑点，部分斑点发展呈坏死斑，形成有黄白色污斑的叶子。新叶通常不表现症状。果实颜色淡、质地软、有白化现象。根量减少。叶面喷施 0.1%～0.2% 的硫酸镁可使缺镁症状不再发展。

8. **缺锌** 缺锌植株的幼叶变黄，叶脉和叶缘依然是绿色，叶缘绿色是缺锌的典型症状。随着叶片的生长，逐渐变得畸形窄小，缺锌越严重，叶片越细长，老叶呈现淡红色。果实变小、数量减少。纤维状根多且较长。预防缺锌，最好在缺锌的土壤中施用含锌的肥料。生长期间可通过叶面喷施或滴灌硫酸锌或螯合态锌缓解缺锌症状。

9. **缺钼**　缺钼初期，幼龄叶片和老龄叶片均表现黄化，随着缺钼程度的加剧，叶片上出现焦枯，叶缘向上卷曲。一般缺钼不影响果实的小大和品质。叶面喷施 0.02%～0.05%钼酸铵或钼酸钠水溶液可缓解缺钼症状。

10. **缺锰**　缺锰初期的症状是新叶黄化，这与缺铁、缺钼时全叶呈淡绿色的症状相似。缺锰情况进一步发展，则叶片变黄，有清楚的网状叶脉和小圆点，这是缺锰的独特症状。严重时，主要叶脉保持暗绿色，而在叶脉间变成黄色，有灼伤，叶片边缘上卷。灼伤呈连贯的放射状横过叶脉而扩大，这与缺铁时叶脉间的灼伤明显不同。缺锰植株的果实较小，但对品质无影响。每亩底施硫酸锰 1 千克，或在出现缺锰症状时，叶面喷施 80～100 毫升/升硫酸锰水溶液可防治缺锰。注意在开花或大量坐果时不要喷。

（五）植株整理

1. **摘叶**　及时摘除匍匐茎和老叶、枯叶、病叶，可防止养分消耗，以利于通风透光。

2. **疏花疏果**　及早疏除花序上高级次的无效花、无效果。

（六）关键技术点

1. **保温增温**　安装补光灯，增温补光，内扣塑料薄膜保温，或安装加热风机加热。也可以在夜间点燃加热燃烧块，但要注意对蜜蜂的影响。

2. **水肥管理**　果实膨大期补充高钾肥，少量多次。注意观察草莓的植株长势，及时补充微量元素。补充二氧化碳，提高产量。

3. **蜜蜂养护**　注意蜜蜂的养护，包括糖水和花粉的补给、温度的调控等，打药时要注意将蜜蜂搬出日光温室。

4. **适时采收**　果实成熟，要及时采收，若采收不及时易造成病害的发生，对下一茬草莓的生产也会带来不良影响。

参考文献
REFERENCES

陈强，徐希莲，王凤贺，2010. 设施草莓应用蜜蜂授粉综合技术［J］. 中国蔬菜（3）：43-44.

杜蕙，漆永红，吕和平，2012. 太阳能消毒时不同处理方式对土壤温度的影响［J］. 北方园艺（8）：154-157.

宫本重信，段立宵，2015. 草莓促成栽培技术［M］. 北京：中国农业大学出版社.

路河，2011. 温室草莓栽培管理日志［M］. 北京：化学工业出版社.

倪丹，孙潇潇，张来振，2016. 设施草莓施水肥一体化技术应用效果研究［J］. 农业科技通讯，11：140-142.

王春艳，刘金江，宋鹏慧，等，2013. 草莓夜冷育苗技术研究［J］. 中国果树（6）：38-41.

王华弟，沈颖，赵帅锋，2017. 草莓灰霉病发病流行规律与综合防治技术研究［J］. 浙江农业科学，58（12）：2239-2241，2245.

王有民，叶殿秀，艾婉秀，2013.2012 年中国气候概况［J］. 气象，39（4）：500-507.

文方芳，秦岭，尤淑萍，等，2015. 玉米生物除盐-土壤消毒集成技术对设施草莓土壤盐分和致病菌的影响［J］. 中国农技推广（3）：53-54.

吴文强，张蕾，刘继远，等，2016. 不同种类钙肥在草莓上的应用效果［J］. 中国农技推广（10）：49-51.

杨圆圆，韩娟，王阳峰，等，2014. 秸秆生物反应堆对日光温室微生态环境及草莓光合性能的影响［J］. 西北农业学报，23（8）：167-172.

詹正杰，尹仔锋，乔林，等，2014. 一次华北气旋造成的北京特大暴雪天气过程分析［J］. 沙漠与绿洲气象，8（5）：10-15.

张琳娜，郭锐，2014.2012 年冬季北京三种高影响天气的关联与成因分析［J］.

气象，40（5）：598－604.

周绪宝，习佳林，郝建强，等，2012. 采前钙处理对采后草莓贮藏品质的影响
　　［J］. 北京农学院学报（7）：18－20.

附录 草莓促成栽培周年管理

月份	主要工作	工作内容	
		果品生产	种苗生产
1	摘叶、浇水、施肥	增温补光 降低湿度 保温增温 摘叶	苗地检查（母株生长情况、是否漏风等）
2	摘叶 浇水、追肥 准备苗床 照明终止	根据草莓品种和长势决定是否补光 摘叶和结果后花序 病虫害防治	种植母株的准备 苗床准备
3	母株定植 保温 母株的疏蕾疏果 摘叶（病叶、老叶） 病虫害防治	摘叶 病虫害防治（白粉病） 追肥 彻底换气（防止高温）	搭建避雨塑料大棚 母株的定植 秋植母株管理（揭膜、灰霉病防治） 浇水、追肥 避雨大棚的换气（保温、中午换气） 子苗床（槽、钵或穴盘）的准备 病虫害防治（炭疽病、白粉病）
4	促进匍匐茎形成 注意高温 防止干燥	彻底换气 注意中午的高温 从4月下旬开始采取降温、遮光处理 适时收获 病虫害防治 去除病叶、枯叶	促进匍匐茎形成 保温 不要中断肥料（追肥） 疏除花序及花蕾 防止干燥 病虫害防治（炭疽病、白粉病）
5	促进匍匐茎形成 病虫害防治 防止干燥	从5月下旬到6月上旬，根据生育、品质状态决定收获是否结束 收获结束后，尽早处理植株残体	匍匐茎的排布、促进发根 追肥 灌水时施入液态肥 病虫害防治（炭疽病、白粉病、蓟马、螨类、蚜虫） 完成子苗床（槽、钵或穴盘）的营养土填充
6	收获结束，处理残体 压苗（假植） 土壤改良及太阳光消毒	改土，土壤消毒；施用有机物 排水设施、深耕等工作，在土壤消毒前实施	压苗（假植） 促进生长（浇水、追肥） 进行降温（遮阳、排风换气） 病虫害防治

（续）

月份	主要工作	工作内容	
		果品生产	种苗生产
7	病虫害防治 追肥 摘叶、去除匍匐茎	土壤消毒	病虫害防治（炭疽病、白粉病） 追肥（最终的追肥在 7 月 20 日左右） 摘叶 促进花芽分化进行的处理（夜间低温育苗等的准备） 降低体内氮的含量（7 月下旬）
8	夜间低温育苗等的开始 土壤消毒完成 改土 施肥及起垄 定植准备 确认花芽分化	改土及定植准备 消毒后深施堆肥 起垄 覆盖遮阳网 定植 定植后充分浇水	夜间低温育苗 留下 3～4 片展开的叶片，其余去除 降低体内氮（NO$_3$）含量到 100 毫克/千克以下 适当控制浇水 彻底预防病虫害 促进花芽分化处理完成后，出库定植
9	定植 病虫害防治 充足浇水 追肥	定植 定植后充分浇水 补苗 缓苗后中耕除草 追肥	促进花芽分化处理完成后，出库定植 苗地消毒
10	摘叶 赤霉素处理 扣棚保温 显蕾、开花、蜜蜂入室 花序、幼果出现	中耕 追肥（腋花序分化后）浇水 赤霉素处理（根据品种需要）： 第一回 10 毫克/千克，5 毫升（出蕾时）芯芽处理 第二回 10 毫克/千克，5 毫升（开花前）芯芽处理 摘叶（枯叶、病叶） 温度管理 蜜蜂入室 去腋芽	草莓母株秋植

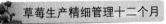

（续）

月份	主要工作	工作内容	
		果品生产	种苗生产
11	开始照明，追肥　覆盖保温被	温度管理 尽早疏除腋芽 疏果（乱形果、畸形果） 补光 追肥 保温 花序、果实外露 进行绿熟期果实外露工作，充分接受光照	浇冻水 覆盖地膜 保温越冬
12	摘叶、浇水、追肥　花序、果实外露　开始收获	摘叶 浇水、追肥 防寒（夜间保持5℃以上） 提高蜜蜂授粉效果 防止植株矮化	苗地检查（是否漏风等）

红颜（宗静拍摄）

章姬（宗静拍摄）

圣诞红 （宗静拍摄）

越心（马欣拍摄）

白雪公主（宗静拍摄）

高架基质栽培（品种：红颜）

高架基质栽培（品种：圣诞红）

高架基质栽培（品种：越心）

匍匐茎留取（王琼拍摄）

压苗（王琼拍摄）

母株切离（王琼拍摄）

秋植草莓覆膜越冬（王琼拍摄）

越冬草莓苗春季揭膜（王琼拍摄）

育苗槽消毒（王琼拍摄）

轴流风机与遮阳降温（王琼拍摄）

灰霉病危害草莓果实状（祝宁拍摄）

草莓叶片缺钙状（祝宁拍摄）

释放捕食螨（祝宁拍摄）

草莓套种洋葱（祝宁拍摄）

草莓种苗定植（王琼拍摄）

土壤消毒（祝宁拍摄）

草莓套种水果苤蓝（祝宁拍摄）

草莓套种水果玉米（祝宁拍摄）